# 遇见

## ENCOUNTER

场所精神 与 全球在地

SPIRIT

OF

PLACE

MEETS

GLOCAL

KANG XU

徐伉 —— 著

曹志凌 等 —— 摄影

中国建筑工业出版社

# 序

Preface

　　我读了徐伉先生的这本书，颇感兴趣。徐先生对"场所"和"人与人的相遇"的研究方法非常具有创新性，可以为中国城市（以及私人空间和公共空间）的感知、规划和生活方式带来很多好处。

　　过去，特别是在 20 世纪 70 年代和 80 年代，有一个现象学学派坚持城市的"生活体验"，它存在于步行者和城市居民具体体验城市的过程中。这是一种"从下面"研究场所精神的好方法。例如，法国思想家米歇尔·德·塞托（Michel de Certeau）以某种方式对米歇尔·福柯（Michel Foucaut）提出了异议：在他看来，通过我们共同居住在城市里的方式来研究社会创造力，比研究社会控制机制更为重要。因此，他将注意力引向了一系列的实践：人们凭着自身兴致在城市中行走的方式，创造了一种塞托所说的"行走的修辞（walking rhetoric）"。我们通过日常行走所创建的行程，通过以不同于城市规划者的期待而使用"空间"的方式，创造了一种"话语"、一些"句子"。我们通过行走、突然的停止、为一个空间加载意义的普通行为，使之变成我们自己的空间。

我们必须注意城市体验的多样性：一个场所精神更像一个十字路口——它是由不同的经验构成的，根据年龄、社会地位、社区划分等，场所精神更像一首交响乐，而不是一首独奏曲。

我们也不应该忽视"结构主义"方法对场所研究的重要性。克劳德·列维－施特劳斯（Claude Levi Strauss）对作为"植物创造"（botanical creation）的城市有许多美好的论述，强调了对比、构图规则以及以一种具备意义的方式来排列事物的人类天才。城市通过支配它们的无意识的构图规则来发展它们的"天才"，这些规则可能类似于支配一个生物的构成规则，也可能类似于一篇文本、一件艺术品等的构造规则。我们组织任何空间——一本书的空间、一块布的空间、一个城市的空间……它们的模式，都揭示出我们的心理模式。克劳德·列维－施特劳斯写道："从城市的形式和诞生方式来看，城市同时具有生物繁殖、有机进化和美学创造的要素。它既是一个自然的物体，也是一个需要培养的东西，是某种活生生的事物和梦想的事物。它是人类发明卓越的典范。"

在我看来，对场所的研究需要站在"现象学"和"结构主义"的交叉点上。

一个特殊的关联还在于中国文明对空间和地域的想象。人们经常强调，"身体"隐喻是中国对空间感知的核心。每一块地域都是一个神圣的身体，并且，在中医学中，每一个身体也是一个神圣的领域。物理体和空间体都是由要被理解、驱魔和驯服的力量塑造的。让我们听听人类学家劳格文（John Lagerwey）所说的话："对中国的最好的描述，是一系列众神居住的同心空间，而最早于公元前3世纪开始使用的'神州'（'众神的大陆'）这个名字，是对中国的最清晰表述之一。……从逻辑和时间上看，诸神崇拜先于祖先崇拜：空间先于时间。……更里层的同心圆是地方社会本身的同心圆。……像'中国'一样，村庄是神圣的领地，一切都从这里开始，一切都取决于占领的艺术，也就是说，知道在哪里和向谁献祭。……最里面的同心圆——人体——也是如此。"（劳格文，《中国：一个宗教国家》，香港：香港大学出版社，2010年，13-15页）

因此，整个宇宙、中国、地方社会和人，都是"神州"。中国的所有空间都被认为是神圣的，即是有神圣的能量居于其中，因为它们支撑着我们，所以必须得到我们以祭祀表达的认可。中国是无数微观世界的拼贴。在一条小巷、一个鸟笼、一个棋盘的周围，在所有受保护的围场里，人们重建了一个孕育和品味生活的空间。这些空间是特别的地带，你可以体验到作为一个团结的社区生活在一起的苦乐参半的滋味。几个邻居，一个棋盘，一棵树和一只金丝雀的友谊……宇宙变成了一个活生生的现实，仅仅因为它包藏着男人、女人、孩子，他们在自己的空间和自己的方式中分享和管理宇宙。每一条小路都让我们看到和听到宇宙的一个微小的、明亮的碎片，整个中国的一个碎片，一个中国人自娱自乐的对话的回声。这是我们与众生关系的音乐，一片天空，一枝柳树；这也是颜色变化的音乐——蓝色趋向于白色，黄色倾向于蓝色，绿色消失在水、阴影和墙壁中，红色也随着门的颜色而褪色。

然而，地平线变宽了。湖把我们带到了另一边，桥把我们引向群山，地铁把我们带往郊区——天空暗示着通向空灵的通道。在一个如此密集的世界里，人们也知道如何让声音慢慢消失，人们意识到周围的人和事物创造了一种内在的共鸣——只有在绳子上的寂静和米白色纸上的空白，才会捕捉到的共鸣。中国人也通过他们的不语和我们说话。他们在长凳上为那些以自己的步伐悠缓行走的人留了一个地方。他们邀请我们像他们一样品尝，与他们一起，在小路、棋盘和笼子下面以简单来体验总是新生的神秘。

中国园林为我们提供了一个很好的例证，说明中国文明中的"地灵（一处场所的精神）"是什么。中国园林往往是文人官员为了逃离官场的忧虑而建造的，在这方面，园林可以被看作是一片梦幻之地、一处乌托邦、一个隐藏思想的迷宫……它们是平和宁静的，但却建立在一片忧愁和痛苦的海洋上。然而，首先也是最重要的，园林是一个有生命的身体，充满了孔穴、血管和四肢。

首先，从孔穴中观望……这个园林，一个小而隐蔽的地方，通过它内部的分隔而无止境地扩大——阻隔视线的假山，沿着走廊的墙壁，围绕亭阁的隔断。但是这些隔断被开着的窗户、圆门和无数的小径贯穿，步行者可以通过这些小径来调整空间和视野，重建场景，重新划分世界……园林实际占用的空间必须保持适度——它的弯曲、迂回、开口，使园林向着无限延伸，直至灵魂的限度。

开口表明要遵循的路径。窗和门逐渐让我们感觉到园林的存在，随着画家的手骄傲而谨慎地展开画卷，咆哮的瀑布，山边的小径，林中的松树和云海开始活跃起来……园林的确是一幅卷轴，一个微型的世界，被我们的散步和奇思妙想打开和扩大了。游园者从一个窗口到另一个窗口，走过宁静的竹林，来到在风中轻轻吹着口哨的芭蕉树，接着是一块有如悬崖峭壁的巨石，隐于其间的奇峰，一角屋檐，或者一片直指虚寂的天空……通过无数的小孔，园林给予游人无数双眼睛和不断增长的梦想，直到我们眼所见的一切都汇聚起来，在一瞥之中，深入到园林和他的居住者的秘密的双重灵魂。

透过小孔，园林由循环生命、呼吸和季节的管道灌溉。水激发了一个园林的活力——收集在池塘里的水，分向内部流动的水道；水将小巧的园林山石装扮为壮观的山峦，就是园主人和园林的设计者曾经游览过、惊叹过、而后在私人庭院中展示其庄严的山峦。往来穿梭的人们穿过微小的海洋，走上长满低矮植被的小巧悬桥……飘逸的香味与隐约瀑布的声音交织在一起。在光与影的线条之间，园林时断时续地述说我们的梦想。水畔散布着沉思的垂柳，追忆着河岸的小石头像一串岛屿一样排列着。一只长笛，一只鸟，留下它们不在的痕迹……

这些脉道将园林浇灌为一个鲜活的身体，使它舒展四肢，造型如卧龙、如独角兽，或如我们不知是人是神的道教神仙之一。它的四肢是由它的隆起之处构成的，这些适度的山脉把池塘变成了大海，水道变成了大河，庭院变成了大陆。它们也是一条条长满植物和鲜花的小路，诉说着园林与其建造者共有的美德：节制、勇气、长寿……

然而……尽管园林涵盖了灵魂的全部，但也不能忘记它是如此微小——一粒浓缩了世界的芥子，但同样是一粒易腐的、微不足道的谷物……中国园林，在整个历史中，一再被摧毁，烧毁，重新设计和重新出现……归根结底，园林也许是一条小船，这条小船把我们轻轻地引向了万物无常的海洋，这一刻，使它的苦涩更能忍受……

　　凡此种种，就是徐讻先生的书（《古典空间里的欲望困境》与《遇见：场所精神与全球在地》）在我心中唤醒的沉思。希望读者也能从中找到可以培养自己的记忆、思想和想象力的材料。

魏明德（Benoît Vermander）
2019 年 5 月于上海

序者简介：

魏明德（Benoît Vermander），法国国籍。复旦大学哲学学院教授、博导，复旦大学徐光启 - 利玛窦文明对话研究中心学术主任。巴黎政治学院政治学博士、巴黎耶稣会学院神学博士、耶鲁大学政治学硕士以及台北辅仁大学神学硕士。代表著作："Shanghai Sacred：The religious landscape of a global city"（University of Washington Press，2018）；《舞在桥上：跨文化相遇与对话》（与鲁进合著）北京大学出版社，2016；《文化与灵性：跨宗教传统的观照与实现》（与沈秀臻主编）上海中西书局，2016；《企业社会责任在中国》上海交通大学出版社，2014；《对话如游戏》商务印书馆，2012；《古罗马宗教读本》（与吴雅凌主编）商务印书馆，2012；《从羊圈小村到地球村——凉山彝族的生活与传说》四川民族出版社，2008；《全球化与中国》商务印书馆，2002。

# 自序

Foreword

东方信念与基督教信念在苏州建筑空间里的相遇，隐含着异质文明彼此融合的秘径，而这探寻秘径的过程，就是一次对内在终极关怀的话语响应。

**——朱大可（文化批评家、同济大学教授）**

作者独辟蹊径，从苏州基督教建筑存在和特色的分析视角切入，引申出中西文化在苏州的完美交融，提出了在中国儒道释一体的文化传统背景下，苏州由尚武至崇文，通过广泛的吸收发展了刚柔并济、圆融共适的独特文化，最终形成了雅量与融境的苏州当代场所精神，并将之作为苏州发展的强大动力和丰富底蕴。作者以多学科交融的思考本身也佐证了这种苏州场所精神的魅力。

**——夏健（苏州国家历史文化名城保护研究院院长、教授）**

作者以圆融的时代视角，游走于数千年时间隧道，东西方时空之境，……思接千古，笔吞万汇，在地球村融境问道，宕开一扇扇精神家园之门，启人心智。

**——曹林娣（苏州大学艺术学院教授）**

虽在建筑领域，狭义的"场所"可解释为"基地"，但稍稍予以延展就会发现它还包含了"地域"、"脉络"等意义。20 世纪 70 年代，挪威著名城市建筑学家诺伯格·舒尔茨提出"场所精神"的概念之后，引起了较为强烈的反响。人们对建筑的探讨已逐渐超越了实用功能。因为人们在面对一幢幢具体的建筑物时还会因"知觉"和"经验"感受到许多隐含在实用背后的象征性内涵，所以建筑作为具有艺术特质的创造还需要保存及转达人们对于传统文化、生活情境的"方向感"和"认同感"。作者对当今国内有关"场所精神"的讨论作了深入的研究，这对于关注这一问题的学者，无疑具有参考价值。

——雍振华（苏州科技大学建筑与城市规划学院教授）

宗教文化历经几千年始终保持着它的基本的文化品质，并充当着孕育人类精神的家园。基督教建筑是苏州场所精神的重要组成部分，感谢作者向我们传递了一个品味苏州文化的独特视野。

——徐敏（南京艺术学院教授、基督教堂室内设计师）

"崇文睿智、开放包容"，建筑以空间场所来体现，本书以理论及历史做了更深入的诠释。

——高佐（一级注册建筑师、基督教堂建筑师）

我深深为作者的开阔眼界与深刻清晰的见解所折服，从中看到了中华文明的未来与希望。

——李柚声（剑桥大学博士，加拿大中华道学康复中心主持人）

以上是部分学者专家对《融境之光》（香港艺力国际出版有限公司，2016）与《融境问道》（苏州大学出版社，2012）两部拙著的推荐评语。而《遇见：场所精神与全球在地》是在此二书基础上的增删、扩充、整合与提升，融入了笔者回国至今九年来最新的思考结晶与心力所向。于此，诚挚感谢诸位学者专家、读者们、朋友们给予的支持、鼓励与彼此的遇见，为我在建筑与城市传播之路上跋涉探索、未敢止步注入了宝贵的力量源泉！

本书从建筑、城市、场所精神展开场所复兴的探讨，以哲学人类学思考回应《人类简史》《未来简史》《今日简史》的作者尤瓦尔·赫拉利（Yuval Noah Harari）提出的有关议题。以场所精神遇见全球在地（Spirit Of Place Meets Glocal）的视角，探析人性、自由、创造、人类文明一体化等基本命题。为响应赫拉利的呼吁："我们的当务之急，是重建人类的全球认同（人类的新故事）"，铺垫一块基石。由此揭示我们每一个人所蕴涵的生命辉光。

期待着方家们、读者们、朋友们的不吝批评、指正。是为序。

# 导言

## 场所精神遇见全球在地

## Introduction: Spirit of Place Meets Glocal

人类一切学科的宗旨就是去认知实践人与自然、人与社会、人与精神以及人性与心智，并不失反思。

# 1. 场所精神之概念（Spirit of Place）

场所精神（Genius Loci / Spirit of Place）是一个古罗马概念，原意为地方守护神。古罗马人相信任何一个独立的实在都有守护神，守护神赋予它以生命，对于人和场所也是如此。古罗马神话传说中，亚巴尔国女祭司西尔维娅与战神马尔斯相爱，生下了双生子洛摩罗斯与勒莫。这两兄弟曾被遗弃，却受母狼的哺养，后又被牧羊人收养，再后来，他俩在昔日遇救的台伯河岸上创建了一座城市，以洛摩罗斯的名字命名，是为罗马。在罗马人看来，在一个环境中生存，有赖于人与环境之间在灵与肉（心智与身体）两方面都有良好的契合关系。

欧洲中世纪尽管被认为是黑暗时代，但在美国城市学家、人文主义巨匠刘易斯·芒福德（Lewis Mumford）眼中，这是一个拥有无数场所的时代，彼时彼地，人的灵魂与物质保持着和谐平衡。随着资本主义的兴起，人类的现代工业社会却是以惊人的速度破坏了场所和世界。而至今日，人类进入信息社会，日本建筑学家隈言吾认为，场所再次获得了意义，这是因为人类具有的以场所为媒介，与自身周围的世界进行交流的本能。只要身体尚存，人类就无法离开场所。

场所精神的研究肇始于20世纪70年代，挪威建筑学家诺伯格·舒尔茨（C. Norberg Schulz）开创的建筑现象学。他认为，场所是有着明确特征的空间，自古以来，场所精神就已被当作真实的人们在日常生活中所必须面对和妥协事件。正是自然环境与人造环境组成的有意义的整体塑造了场所，而场所又聚集了人们生活世界所需要的具体事物，这些事物的相互构成方式反过来也决定了场所的特征。因为涉及人的身体和心智两个方面，场所精神与人在世间就存在着两个对应的基本方面：定向和认同。定向主要是空间性的，使人知道他身在何处，从而确立自己与环境的关系；认同则与文化有关，它通过认识和把握自己在其中生存的文化，获得归属感。或可简而言之，使人们产生归属感的建筑就是场所，建筑对人的行为、思想、情感所产生的意义就是场所精神。

因此，诺伯格·舒尔茨指出：建筑令场所精神显现，建筑要回到场所，从场所精神中获得建筑的最为根本的经验。建筑师的任务是创造有利于人类栖居的有意义的场所。

## 2. 建筑与城市传播（Architecture and Urban Communication）

城市传播学是一门研究城市运行体系中各种载体（包括实体载体和虚拟载体）所承载的信息及其运行规律，以此促进城市良性发展，满足城市相关利益主体需求的应用性学科。城市传播学的研究对象是城市中的各种组织、个人和空间系统及其运行情况。

而建筑与城市传播研究，则是以建筑与城市空间为载体，从建筑学、城市设计与城市规划、景观学、艺术学、人类学、传播学、现象学、文化研究等视野，通过对基地规划、建成环境中的视觉关联、环境视觉质量和视觉形式及其表现等视觉规律方面与空间体验方面，以及对建筑城市的文脉、现象与场所精神等社会人文方面的传播研究，来探寻建筑与城市传播的要义，为城市意象的塑造，提供一种参考之途径。

从人与环境上说，诺伯格·舒尔茨在《场所精神：迈向建筑现象学》一书中认为，黑格尔、赫德（Herder）、阿诺德·汤因比（Arnord Toynbee）这些大哲学家都理解自然环境的重要性，同时也强调人回应与塑造自己世界的能力。很显然人不只是"建造"自然而已，同时也建造了"自己"：社会和文化在此过程中，人可以用不同的方法诠释一种既有的环境。进而，在人与建筑空间上，日本学者芦原义信认为，空间基本上是由一个物体同感觉它的人之间产生的相互关系所形成。这一相互关系主要是根据视觉确定的，但作为建筑空间考虑时，则与嗅觉、听觉、触觉也都有关。因而，场所不仅是空间关系、功能、结构组织和系统等各种抽象的分析范畴，并且这些空间关系、功能分析和组织结构均非事物本质，不同的活动的空间需要不同的环境和场所。而每个场所都是唯一的，呈现出周遭环境的特征。这种特征是由具有材质、形状、肌理和色彩的实体物质和难以言说的，一种由以往人们的体验所产生的文化联想来共同组成和传播的。再进一步，在人与建筑文化上，正如中国科学院郑时龄院士所说的："建筑是文化的组成部分，……文化是对人们隐约领悟到的，社会的精神方面之各种要素的一种模糊表达。"他还指出："艺术作品和建筑是文化传播的重要因素，是人类的生活方式代代相传的重要途径。也正是在这个意义上说，艺术作品和建筑可以塑造人。"美国著名建筑师伊利尔·沙里宁（Eliel Saarinen）曾说："让我看看你的城市，我就能说出这个城市在文化上追求的是什么"。由此可见，在场所中，建筑与城市的传播功能正是对人的塑造，同时，人塑造建筑与城市也是传播文化、回应环境。

因此，从传播学角度，本书所涉及的建筑与城市传播，则是聚焦于传播的文本和渠道这两项要素展开的。此处所谓文本，即：场所和场所精神；所谓渠道，即：建筑与城市空间。由此，我们可以初步厘定有关场所精神与建筑、城市传播的关系，即本书旨在探寻建筑与城市空间这一渠道，对作为文本的场所精神的传播，指向对场所复兴的探讨。并且，就建筑现象学而言，郑时龄院士在《建筑批评学》中指出："建筑的现象学批评是以建筑文本为主的批评，从建筑的形式结构中，寻找建筑和以人为核心的具体的存在空间、建筑空间和场所意义。从真实的现象中寻找建筑的思想，寻找建筑空间与建筑体验的关系，寻找建筑与场所的联系"。由此亦可见，建筑与城市传播研究和建筑现象学是可以互通结合的。

# 3. 全球在地的苏州（Glocal Suzhou）

这是一个消费主义全球化的时代，一个建筑、城市、文化都成为消费的对象的当下，于此，我们不但面临着社会重新整合所带来的种种矛盾与困境，还迎来了全球化与地方性（现代性与本土性）融合尝试的"全球在地"（Glocal；Global+Local）。美国建筑学家卡斯腾·哈里斯（Kirsten Harris）说："建筑不仅表达，而且想要表达文明的价值和有关的东西。"即建筑与空间在当下表达我们怎样的文化特征与精神气质？这也是场所与场所精神研究的重要议题。场所虽然会因某些因素产生变迁，然而唯有在变迁中仍能掌握其场所精神，才不至于造成场所的混乱迷失，才以至于开启场所的当代复兴。

按照诺伯格·舒尔兹所说的"场所精神作为一种总体气氛，是人的意识和行为在参与场所的过程中，获得的一种场所感，一种有意义的空间感"，并回应（本书封底上）复旦大学魏明德（Benoit Vermander）教授对场所精神的观点，笔者认为，场所精神既可以是一首独奏曲，也可以是一部交响乐。或者，独奏曲无论是交响乐的序曲还是插曲，都在参与着一处场所的共鸣。本书以场所苏州为个案，展开一种以建筑现象学为主导的观察（解读）与场所精神的凝练（传播）。这种观察与凝练、解读与传播，跨越了以往将苏州聚焦于古典园林和传统文化的城市文脉进行考察的局限，引入基督教建筑这样甚至完全异质的建筑、空间、场所，并将其与古典园林、传统建筑并置以及与苏州当代外向型城市格局对应，以文化复兴兼容文化更新的雅量，重启文化自觉的意识，发掘文化融合的深度，放眼文化融汇的广度，来探寻全球在地的场所复兴。

就建筑与城市传播而言，苏州之所以堪称"全球在地"的现象级城市，而非北上广深港等一线大都市，也非南京、杭州、西安、平遥、丽江等历史文化名城，或许可以说，是因为不仅苏州在经济总量上震撼全国，而且与这些城市相比，一方面，只有苏州这座城市具备了传统与现代在形态、体量、风格上达到较完整规模的对等关系。上广深港的城市传统分量明显不足；北京虽有历史的厚重积淀，但其古城区植入大量新奇建筑，传统与现代混杂交织且似有尺度失调，呈现为全球最具后现代奇观的城市；南京、杭州、西安也似北京，缺乏较完整规模的传统与现代的对等关系；平遥和丽江虽传统规模完整，但仅以历史古城存续至今。另一方面，从建筑视角，苏州在最近30年的城市发展中，从早期与其他历史城市相似的建筑"复古情怀"转入后期的建筑"本原探索"，不仅在古城区出现了苏州博物馆（新馆）、苏泉苑茶室、苏州桃花坞木刻年画博物馆（朴园）、苏州庭园住宅区等佳作，还有工业园区的万科中粮本岸住宅区、姑苏区的苏州火车站（新站）、相城区的东原千浔社区中心等一批对中国建筑本原探索的力作以及当代地标建筑东方之门的陆续问世。这些建筑为苏州联结传统与现代，呈现了对中国精神的本原思考，对全球在地意象的融境思考及其赋形于城市空间的建构实践。尤其是，以园林古城与现代园区对照，传统与现代完整规模的对等关系充分明晰，不仅没有削弱苏州作为中国历史文化名城的历史感，反而通过这种强烈对比与对话，加强了新、旧两方面的城市肌理。这种对等关系的建构力量也对应了中国传统阴阳关系的相反相成、互生互动，由此将当代苏州塑造为"全球在地"的一个现象级场所。

如果从更广阔的中西文化比较视野，我们还会发现，西方人的力量美学指向的是人的力量和救赎的力量，而中国人的力量美学指向的是自然的力量和中道的力量。正如学者刘小枫所言："我们以自然为终极价值，但自然形态在西方思想中，从一开始就被超逾了。这就是为什么，庄子式的逍遥之境是山水田园，而自西方启蒙运动之后，现代世界的虚无主义的逍遥之境只会是荒诞的一片荒漠"。因此，我们也不难看到，一方面，西方人与中国人的力量美学各自的有限或许在于：前者强调人对自然的征服，但人却无法最终征服自己，需要上帝对人的救赎；后者强调人对自然的归属，社会秩序效法自然秩序，却容易导致权力崇拜，王者通吃天下。另一方面，各自的有益也应在于：宗教人类学家休斯顿·史密斯（Huston Smith）认为，西方文明对人类的非常重要的贡献中有两个信念力：一是任何人民的未来大都有赖于其社会秩序的公正；二是个人要对其社会的结构以及个人直接的行为负责任。而中国先哲老子所说的"人法地、地法天、天法道、道法自然"和"挫其锐、解其纷、和其光、同其尘"，以及宋代詹初有诗"圣贤自古执其中，允执此中万理通。万理由来心自得，心同方是理大同"，这些也体现了中国文化"道法自然"强大的包容力与中道调和力。

因此，所谓场所复兴，应是西方文明与东方文明交遇在中国，交遇在场所苏州，聚合投射的一种新力量美学的生成。它既来自人的力量与拯救的力量，也来自自然的力量与中道的力量；它不仅需要我们去探寻苏州场所精神，也有必要去追溯中西方文明的文化基因，尝试去理解包括宗教建筑在内的建筑文化精髓，汲取生命养分。进而，以场所精神遇见全球在地的哲学人类学视野，开启对人性、对人类文明一体化、对人类进步观的新视线，探寻又一种中道。

应该说，笔者的写作定位是"学术文化传播"（Academic Cultural Communication），即：兼顾学界读者又更多面向社会读者的文化传播。诸如："场所精神"、"全球在地"、"哲学人类学"、"建筑现象学"、"建筑与城市传播"等概念及其运用叙述，实际上，在本书的语境中并没有那么高深艰涩，而是通过跨学科的整合交融、探索尝试，以求不失深度又有广度。最终导向通识，探寻共识。

---

如果人类的生活没有目标和意义，那么宣布这一事实的哲学甚至比它所描绘的情况更虚无。另一方面，如果人类的命运和历史比亲眼看到的更多，如果作为整体的进程有意义，那么即使最低贱的生命和最不起眼的有机体功能也会参与到最终的意义中去。

（刘易斯·芒福德）

第一卷

# 融道

园林古建筑与场所苏州

Volume One:
Classical Gardens and Architectures
in Suzhou Place

据说，园林是士大夫们归隐苏州的标配，但历史上究竟有多少苏州园林主人是真隐？如果不是的话，为什么还要建园林？进取功名与归田园居之间的振荡徘徊，使他们太多关注人际间的命运，回避人类的命运。在他们的世界里，人类命运只能是皇权意志。

# 导言

玄妙观、艺圃、狮子林、北寺塔、双塔、瑞光塔以及虎丘，这几处园林、建筑文化遗产在场所苏州，正如它们代表的中国传统文化多元一体的气质，历经千百年来集结、对话、交融，在苏州的建筑与城市传播版图上创造了一个个非凡节点。在全球化的当下，美国人类学家博阿斯（Franz Baas）主张不同文化的价值对等，没有优劣之分，应以他者的目光来细致地观察和理解不同类型的人类文化现象。但中国科学院常青院士认为："这种文化相对论的态度不过更具伦理和审美的意义，并不能改变人类社会'适者生存'的冷峻事实和演化轨迹，西方现代建筑至今主导着人类建筑演进的方向和话语权就是明证。因而现代性和本土性的融合尝试，或所谓'全球在地'（Glocal）的理念和行动，依然是发展中国家包括建筑在内的文化演进策略和价值观所在。"笔者进而认为，正是"全球在地"，使我们更有必要先从本土的、历史遗产的园林建筑入手，把握它们之于场所苏州的基础价值。据说，园林是士大夫们归隐苏州的标配，但历史上究竟有多少苏州园林主人是真隐？如果不是的话，为什么还要建园林？进取功名与归田园居之间的振荡徘徊，使他们太多关注人际间的命运，回避人类的命运。在他们的世界里，人类命运只能是皇权意志。而历史命运有它的局限性，对于园林建筑与场所亦复如此。但这也是我们面向"全球化"，更应追溯与反思，赓续与更新的"在地"之精神。

# 玄妙观

## 探寻苏州气质

解读苏州，要从玄妙观开始。

因为这里是苏州古城的场所中心，即使是以今天的古城与四向扩展的东园西区、北相城南吴中吴江的苏州新城市格局而言，玄妙观仍不失为当代苏州的城市文脉中枢。并且，无论是从玄妙观的建筑历史、建筑形制、建筑体量等建筑学上的瑰宝价值，以及在中华道教丛林中的显赫地位，还是从其对苏州城市性格的显现或隐喻而言，玄妙观都无疑是探寻苏州气质的一处赋形场所。

## 1. 玄妙观之阐释

### (1) "观"的阐释

观，即看与被看。其简体字的结构为又＋见，亦可理解为仔细地看、反复地看。观，曾是占代天文学家观察星象的"天文观察台"。史载，汉武帝在甘泉造"延寿观"，以后，作观迎仙蔚然成风。据传，最早住进皇家"观"中的道士是汉朝的汪仲都。他因治好汉元帝顽疾而被引进皇宫内的"昆明观"。从此，道教徒感激皇恩，把道教建筑称之为"观"。从皇家的看与被看限定在宫苑内，到道教建筑的观或隐身于山林湖沼（如：穹窿山上真观）或跻身于市井城厢（如：玄妙观），似乎皇权的神圣、宗教的超脱与世俗的生态，构成了一种玄妙关系。

玄妙观矗立于苏州古城的繁华闹市中心，它与世俗场所形成看与被看的关系，让我们通过对它的观察，生发一些观点，形成一点观念，并希望这些观点与观念也能经得起仔细地、反复地观看。

（2）建筑学阐释

玄妙观，相传原是春秋时代，吴王阖闾的宫殿旧址。初建于西晋咸宁二年（276年），称真庆道院。元代改名玄妙观。清初，为避康熙帝名玄烨之讳，改"玄"为"圆"，称"圆妙观"。此时为玄妙观最兴盛时期，是全国规模最大的道观之一。它几经战乱，屡建屡毁，现存正山门和三清殿建筑在1999年被整体修缮，并恢建了东西配殿等建筑群。

现存的三清殿，重建于南宋淳熙六年（1197年），古建文物学家罗哲文称之："我国现存的一座最大的南宋殿堂建筑。"据有关文献记载，设计者是南宋著名画家赵伯驹之弟赵伯肃。该殿是重檐歇山式，屋脊高10余米，两端有一对高约3.5m的南宋砖刻螭。殿阔44m，深25m，内有高大殿柱40根，左右山墙檐柱30根。屋面坡度平缓，出檐较深，斗栱疏朗宏大。被专家称为："特别是内部月亮式梁架上檐内槽斗栱的上昂做法，为国内首例。上檐内中四缝所用'六辅作重抄上昂斗栱'系出宋代《营造法式》，为国内唯一可珍贵之例。"殿内正中有南宋砖砌须弥座，高1.75m，分上、中、下三层，座上供奉三尊高约17m的泥塑三清全身像，不失为南宋道教雕塑精品。殿前的露台由青石砌成，三面设石栏与踏垛，石栏板上有唐宋时代的浮雕人物、水族、鸟兽等。至今，三清殿保持着南宋建筑特色，是现存最大最古老的中国道观殿堂之一，在中国建筑史上占有重要地位。殿内存有吴道子绘老子像复刻石碑，另有"天庆观尚书省到并部符使帖"石碑，两碑均是南宋文物，与三清殿一并为国家级瑰宝。殿外东侧矗立着一块高6.7m、宽2.7m体量巨大的无字碑。原碑上刻着

上图：玄妙观山门殿

中图：玄妙观三清殿

下图：三清殿匾额

江南儒生方孝孺写的一篇文章，后因方孝孺宁死不为明成祖朱棣效力，惨遭杀害并被灭门十族，连同该碑文也被铲除，这块无字碑一直矗立至今。

## 2. 玄妙观与城市性格

在苏州古城的老照片上，有一处视角是从城内的北寺塔鸟瞰古城。玄妙观以其巍峨壮观的大型体量，为四面鳞次栉比的民居建筑群所环抱簇拥，雄踞古城的中心。这样的以道观位于几乎是城市中心的布局（南北中轴线上，东西中轴线略偏北），在现存的中国古城中也是罕见的。

笔者认为，从苏州古城与玄妙观的历史沿革，以及玄妙观建筑的特殊地位与文化脉络着眼，我们似乎可以看到，2500 多年前，伍子胥象天法地、相土尝水，

左图：老子像碑刻

右图：宋碑

上图：玄妙观三清殿（摄于 1920 年前）

下图：近景为三清殿屋脊（摄于 1936 年前）

来源：《苏州旧梦：1949 年前的印象和记忆》。

为吴王设计建筑阖闾大城，至玄妙观初建于西晋咸宁二年（276年），其间近800年内，吴地文化是以尚勇、阳刚、直拓为性格的，延续着春秋吴国时代的东夷文化特征。

而西晋时期竹林七贤的出现，以及东晋开始的中原汉族士人大规模向江南移居，即史称"衣冠南渡"，至南宋时期又达到一个人口与文化南迁的高峰。这些时代与文化的变迁，也是中国文人士大夫文化，即外儒内道的中华传统文化形成与发展，并经历宋代的高峰，最终归于明代的成熟。与这个文化变迁对应的是，玄妙观自南宋淳熙六年（1197年）得以重建开始，直至20世纪的800多年间，几经存毁与恢建，经历着兴衰、更迭与赓续。其间，苏州的吴地文化转而呈现出尚文、阴柔、内敛的性格。

于此，我们不难看出，苏州城市性格恰好是以西晋时期初建、南宋时期重建的玄妙观为两处历史节点，将其西晋咸宁二年前的近800年和南宋淳熙六年后的800多年，所分呈的阳刚与阴柔、尚勇与尚文、直拓与内敛，经过（东晋至北宋）汉文化南移的过渡时期，实现了吴地文化性格的对接与镜像。

左图：三清殿柱础

右页图：三清殿外石砌栏杆

或者，按另一派考古说法，苏州城始建于公元 9 年，即王莽时期的泰德城。那么，自泰德城时期开始，隋文帝开元九年，改吴州为苏州。再至晚唐时期的 890 年（唐昭宗大顺元年），玄妙观虽遭受兵火，正山门与三清殿仍存。其间的 800 多年历经汉、晋、南北朝、隋、唐，苏州所呈现的阳刚、超迈、直拓的城市性格，与这一历史时段上的汉文化性格是同质的。进而，再经过五代十国的纷乱而至北宋这一汉文化气质峰值的流变过渡期，与南宋淳熙六年后的 800 多年，仍可构成阳刚与阴柔、超迈与婉约、直拓与内敛的对接与镜像。

并且至今，玄妙观三清殿仍是南宋遗构、国之瑰宝，苏州文化遗产的物质形态场所，而这些对接与镜像，也正是玄妙观凝聚与显现的城市性格之所在。

# 3. 玄妙观与苏州气质

## （1）刚柔并济

其实，进入 21 世纪以来，苏州的经济崛起、苏州工业园区的成功建设发展、苏州古城的保护与赓续，堪称是中国城市发展史上的一个里程碑，一座历史名城展现当代生机的现象级里程碑。这些也必然引发当代人、苏州人对苏州的城市气质（精神）进一步探究解读的兴趣。在此，笔者还认为，苏州工业园区的建成环境、贝聿铭设计的苏州博物馆新馆这两处新城区与建筑项目，从某个文化视角而言，在城区与建筑形式上，就是对西晋及之前，吴地早期文脉的发掘（暗合）、汲取与发扬之作。

例如：苏州工业园区，由中国与新加坡合作开发，其地域在春秋时代曾是吴王狩猎的长洲苑和名震中原的吴国铸造兵器的冶金工业基地，再加之后来金鸡湖的得名，在传统文化的风土五行上属金，性质阳刚。而现代工业属金，苏州工业园区的城区与建筑形式上，以西式现代风格为主，亦属金，可见其与吴地早期文脉不乏发掘或是暗合的关系。

上图：山门殿外石牌坊

另一例：苏州博物馆新馆为贝聿铭先生耄耋之年的力作。他在设计中主要是从色彩、体量、高度与风格上与基地周围环境尤其是忠王府和拙政园处理好衔接，与苏州古城的场所环境相处融洽。但是结合学者谢俊的观点，新馆在建筑造型上，并未沿用江南建筑的传统形式与传统材料，而是在现代几何造型中体现形式素雅、错落有致的江南韵味。屋面和墙体边饰用石材，用"中国黑"花岗石取代传统灰瓦，大面积的玻璃天棚与黑石屋顶相互映衬，以现代开放式钢结构取代传统的木结构。在建筑线面体的造型语汇上，除了个别漏窗外，很少见曲线的运用。苏州博物馆新馆所展现的阳刚、坚素、直拓的现代中式建筑风格，也可称为是对吴地早期文脉的汲取或暗合。

以上这些又与南宋及之后的吴地文脉相对接与镜像。也在城区与建筑的关系上，体现为苏州工业园区与园林古城的对接，苏州博物馆新馆与拙政园、忠王府的融接，等。如此，所焕发出的苏州气质，可谓一脉相承，刚柔并济。

（2）圆融共适

从历时性因素来看融合，学者李勇认为，吴地最初的渔稻文化，发展到良渚文化，青铜文化，再到大禹的太湖治水，"三江既入，震泽底定"，他把北方先进生产工具和治水方法带到吴地；再到泰伯奔吴，中原先进的制度文化和生产工具又被吴人接受和使用，为了尊重当时吴地风俗，泰伯带领族人披发文身，与吴地本土融适，造就了至其子孙阖闾时代的吴国气象；秦汉至唐宋，中原先进的制度、生产技术、宗教文化艺术等再度融入吴地，形成吴文化的中兴；元明清时期，吴文化扩大和加深了融合的广度和深度，走向绚丽期，远播九州与海外；至近代，苏州人王韬、冯桂芬等有识之士力倡引进西学，苏州成为我国近代工业和近代文明的一个重要中心；至今，苏州已经成为仅次于深圳的中国第二大移民城市，吴文化也迎来了再度融合外来文化的高潮。

从共时性因素来看共适，传统苏州与现代苏州、山水苏州与园林苏州、苏州古城区与新城区、城市 CBD 与城市落脚地、老苏州人与新苏州人……，就像太极图所蕴涵的圆融两仪，在或为相左的关系中互为相生。进而，这些体现

左图：三清殿外无字碑

右图：三清殿内

上图：三清殿的窗

在场所与建筑中，可以是异质文化的共适，人与技术的共适，内部与外部的共适，部分与整体的共适，地域性与普遍性的共适，历史与未来的共适，理性与感性的共适，人与自然的共适等。这些映射着道家思想灵光的又一种苏州气质，可谓延绵不绝，圆融共适。

我们似乎看到，在这片大吴胜壤上，苏州正以古典与现代、东方与西方、历史与未来的融合之境，正以玄妙观为场所，为这座城市的气质与场所精神，给出一个当代的阐释。

上图：三清殿的长窗

下图：三清殿西立面上檐及斗栱

# 艺圃

## 儒道兼济的精致

笔者的一位好友曾说，到艺圃喝茶，头两次实在是有趣没劲，在小巷里穿梭着找寻不起眼的门口，还要顾着不要迟到了，因为迷路了。接下来等熟悉这个地方了，又变得没趣有劲，麻雀一般大小的地方，虽说五脏俱全，但到底还是小。他从延光阁茶室跑到湖池对面的假山上，还能和这边喝茶的朋友说说笑笑，当然声音要稍微大一点。但他忽然又觉得，热恋中的男女最应该来此，既能分离须臾又能眉目传情。

这就是所谓的苏州园林"化身空间"体验，笔者将在下一篇狮子林中展开诠释。

## 1. 园史、沿革与晚明文人园林审美

现存的苏州古典名园中，艺圃小而精的空间环境与游客的相对稀疏，正好为我们近乎还原了一处晚明文士的居家氛围。那就先梳理一番它的园主沿革：艺圃其中重要的两个建筑世纶堂和东莱草堂分别代表了文氏家宅和姜氏宅园在艺圃留下的重要印记。文徵明的曾孙文震孟于明万历末年（1620 年）购得艺圃宅园，明天启二年（1622 年）他又状元及第，后官至礼部左侍郎兼东阁大学士，而文徵明曾被授职翰林院待诏，他祖孙俩曾在中书省任职为皇帝草拟诏书而被称为世掌丝纶。艺圃随后在崇祯十七年（1644 年）归晚明进士山东

上图：艺圃入口甬道

莱阳人姜埰所有，因此，东莱草堂也成为姜氏父子与吴伟业、汪琬、毛奇龄、黄宗羲、归庄等高朋鸿儒声气相投之所在。从艺圃的园史来看，从初创时期的明礼科副使学宪袁祖庚的醉颖堂，至文震孟的药圃，再至姜埰的敬亭山房并始更名为艺圃，此后屡易其主，清道光十九年（1839 年）成为绸缎同业会所，民国时期曾分租为民宅以及青树中学所用。中华人民共和国成立后，苏州市工商联、演艺剧团、工艺美术社相继使用过。"文革"期间，艺圃遭受严重毁坏，1982 年由苏州市政府修复开放，并于 2000 年被列入《世界文化遗产名录》。

再从苏州园林艺术史来看，学者顾凯曾提出，晚明的苏州园林不仅在造园技法与风格上，还在欣赏方式上都发生了重大的转变。前者以叠山、理水、树植、

左页图：四重空间

上图：乳鱼亭

下图：从假山上俯瞰乳鱼亭

上图：乳鱼亭藻井

上图：延光阁

右页图：从假山上望延光阁

建筑等技法与风格从晚明之前的效仿真山或小中见大的奇峰怪石转变到造园家计成、张南垣为代表的强调截溪断谷，再现大自然中人们经常可以接触到的山根山脚，对整体假山形态尤其是对画意的追求中；从方池理水趋于减少而转变为曲水湖池成为主流；从药圃这类经济型植载的生产型场所转变为美学的消费型场所；从建筑作为点缀得景的场所转变为在数量、规模、形态上成为园林中的重点。后者以晚明之前的景观营造是为内心感悟服务而处于次要地位，转变为园林的游观本身越发受到重视，尤其关注园林的整体营构和空间效果，对此，建筑要素的作用越发突出。画意的标准极大地影响了园林山水景致的营造方式。

## 2. 精致、画意与虚平面、实平面

以上这些特点也呈现在艺圃以晚明文人园林的精致取胜。艺圃占地仅 5.7 亩，而其中山水园即占四亩，应该是包括了响月廊、延光阁、旸谷草堂、爱莲窝、乳鱼亭、思嗜轩、朝爽亭、浴鸥月洞门等围合湖池的建筑与假山在内的。以艺圃宅西的山水园为例，湖池居中，面积仅约一亩，却有开阔浩淼之感，水面处理以聚为主，在湖池东南和西南各有小水湾，其水口之上有贴水曲桥两座，围合湖池的几处建筑皆体量偏小，并贴水而筑，因此衬托出水面辽阔，山石高大之感，其造园的对比手法堪称佳构。此外，似乎可见，以建筑假山围合湖池的布局往往是苏州私家园林的景观视觉高潮，除艺圃外，网师园、留园、狮子林、怡园、畅园等处皆见实例。这让笔者联想到，苏州私家园林的湖池中心布局与古典西方城镇的中心广场被建筑街区围合布局，形成了一种形似而神非的对比。古希腊城市广场是公民交流与集会的中心，是城市的景观视觉高潮，公开、平等、民主得以脚踏实地的平面表达，体现了"多数决"的共享理念。而在苏州园林中，建筑、假山围合的湖池作为景观视觉高潮却是园主个人及其家眷，至多包括亲友访客赋予幻想的空间，虽然不能直接脚下凌波漫步，却也通过设桥、泛舟来达到遣怀与寄情。这里是园主的主观意志与诗意虚幻化的平面表达，体现了"少数决"的私享理念。园林湖池的虚平面与城市广场的实平面，作为东西方古人不同的空间建构，其中折射的某种文化建构也在此近乎有迹可循了。

上图：艺圃湖池

此外，艺圃在取法画意的精致上，也可见文震孟之弟文震亨作为设计师的匠心独运。文震亨一生著述颇丰，其中直接涉及造园题材的有《香草垞前后志》《王文恪公怡老园记》《长物志》。其中的《长物志》是一部造园巨著，它和晚明计成的《园冶》同为中国古代造园理论的经典。《长物志》的命名，取自《世说新语》中的王恭轶闻。"长物"源自"身无长物"，其意即"身外之物"。艺圃被列为世界文化遗产，应与《长物志》的关系甚大。以画意论为例，从延光阁南望湖池水面及南岸的假山、朝爽亭，若从西画的标准看，以水面至假山的透视关系，山巅的朝爽亭的体量应大致为现在体量的四分之一，方能符合再现大自然风景的西式画意。而从国画的标准看，朝爽亭与假山、湖池在体量对比上则是再现了取法（中国）画意的尺度关系，它强调了晚明文士对城市山林的可望中可居的适意与优游，这就是所谓"案头之山水"落实为"地上之文章"的营心造境，因而无须去理会应该如何在此还原真山、真水与亭子。

## 3. 秋波的境界

从儒家士大夫袁祖庚，至文震孟、文震亨兄弟，再至姜埰；从当代学者顾凯诠释晚明园林的道家审美，再至精致小尺度中又显"自然开朗、亲切宜人，具有典型的晚明江南园林风貌"这句艺圃入选《世界文化遗产名录》的描述，笔者在艺圃中踱步，展开思绪。一阵秋天的风刚巧拂过园子的水面，坐在假山最高处那个亭子里，我暂时失聪了，察觉不到时间流速的减缓，等我仿佛被惊醒时，看到的兴许就是传说中的秋波了。这几乎就是苏州园林的最高境界。

上左图：从假山望朝爽亭

上右图·朝爽亭

下图：从延光阁望朝爽亭

# 狮子林

## 儒释商的超酷

Cool 在 20 世纪 60 年代开始成为美国青少年的流行语，初期是指一种冷峻的、冷酷而个性的行为或态度，后来泛指可赞美的一切人和物。20 世纪 70 年代中期，这个词传入中国台湾，被人们译成"酷"，意思是"潇洒中带点冷漠"。1990 年代，它传入中国大陆，迅速取代了意思相近的"潇洒"一词，如果称赞一个人"酷"，那么这个人或者在衣着打扮，或者在言行举止，或者在精神气质上肯定是特立独行、充满个性的。

狮子林的假山被称为超酷的，不仅在于其假山在体量上可以说是现存的中国古典私家园林中最具规模的，而且还曾是禅宗破世道分嚣诸妄的修行处，倪瓒模山范水的写意绘本。一处处特立独行凸起的石峰，一条条辗转往复、奥妙无尽的山径，将禅宗和美术大师的顿悟与观照，通过这些石头的天赋能量与宗教人文的场所精神一并直抒胸臆、张扬个性。狮子林于 2000 年被列入《世界文化遗产名录》。

右页图：狮子林假山石

上图：狮峰

右页图：从假山石洞望湖心亭

# 1. 禅宗与土精为石之酷

许多人也许都有类似的经历，那就是凭着一股莫名的胆气爬到了高处，下来时腿肚子却打起了哆嗦，有退路尚且如此，那些没有退路的呢？所以当年慧可雪中断臂求法，得到达摩许可的做法实在是达到了令人只能仰望的地步，因为那时的慧可应该是不给自己退路了。相比较起来那缕拈花微笑的幽香却是何其的风雅，然而禅宗的趣味恰是在这大开大合之间，让精进的猛者体会到拈花而笑的无穷杀机——没有悟道那就是生不如死。1341 年，天如禅师惟则始建狮子林，其得名既来自于佛教护法神兽与寺院的特称"丛林"，也意喻惟则禅师的众弟子"以居其师"的虔心。既然狮子林是禅宗丛林，众僧以参禅、斗机锋为悟道真谛，所以心外无佛，园内不设佛殿，其立雪堂、问梅阁、真趣亭、卧云室等建筑及名称皆以禅悟为特色，僧人在其间不仅不必偶像膜拜。虽然彼时的禅宗日渐式微，但应该说，禅宗还是归属于酷的那一类。

狮子林在世俗之间的名头还是来自于世俗，乾隆的六次游历早就成为引以为傲的名头，皇帝赐了匾额"镜智圆照"、"画禅寺"、"真趣"三块，还临摹了倪云林的《狮子林全景图》三幅。后来皇家在圆明园的长春园和承德避暑山庄都曾仿建，现存的避暑山庄的一处就叫"文园狮子林"，可见乾隆对苏州狮子林的梦寐以游。

乾隆对狮子林的迷恋，应该是来自于那些能够镜智圆照人生真趣的假山湖石。晋代哲学家杨泉的《物理论》曾说："土精为石，气之核也。气之生石，犹人经络之生爪牙也。"石是人类文明最早期的天然工具，在经历了漫长的旧石器和新石器时代后，人类社会才进入到懂得制造金属工具的时代。作为上古人类的神器，世界各民族都产生过石崇拜。传说大禹生于石，他的妻子化石后生儿子启，启成为中华文明史上第一个朝代夏的创始者。而《西游记》、《红楼梦》等都是托灵石以喻物、言志、诉情。无论是历史传说还是文学著作，作者们都一直深信作为土之精、气之核的石，可以传递远古的灵气，是人和天地精神沟通的原始物本。

## 2. 儒商巨子贝氏与宅园之酷

狮子林入口为原贝氏祠堂，前厅的匾额为"云林逸韵"，代表了园主对元代大画家倪云林及其曾绘《狮子林全景图》的仰慕。从祠堂西侧入八角门，与它仅两步之距又是一扇圆形月洞门，门额为"入胜"。两门之间粉墙围峙形成一个压缩的小天井，有丛竹半掩漏窗，使行人经此的动与丛竹的静，以及此处小空间的紧收与入胜门后的庭院的开敞，两者形成了双重对比关系。苏州园林在空间处理上关照时间的细节，在狮子林的入口区域就已经展开了。

燕誉堂是香山帮建筑的鸳鸯厅形制，这里是园主接待客人的厅堂。1918 年上海大资本家贝润生购得狮子林后，对燕誉堂进行了重修，朝南的长窗与横风窗使用了民国时期流行的彩色玻璃，室内也以清末民初家具为主。英国社会人类学家艾伦·麦克法兰（Alan Macfarlane）的《玻璃的世界》一书考证论述了玻璃虽非欧洲人的发明，但玻璃及其科学技术性的使用成为西方开启现代世界的一件关键器物。13 世纪至 17 世纪的欧洲人通过玻璃镜片得以发展天文学，得以观察微生物，得以使近视者和远视老花者继续求知生涯；通过安装建筑玻璃使基督教与住居文明得以发扬远播，还有玻璃镜子、照相机等。他甚至认为："在西方，玻璃的存在或缺席对科学、美术和人格无意中造成了巨大后果。"而中国早在 9 世纪时就已经掌握了玻璃技术，但是其玻璃制品大多为生活装饰服饰用品。效仿西方之后，玻璃用于建筑的采光御寒，在中国才不过二百多年的历史。中国古人未能具备通过玻璃来认识世界的眼光，这是与缺乏对科学形而上的价值诉求有关。

贝氏家族是狮子林的最后一任私人园主，贝润生早年以颜料大王发家，后捐官为道员，并涉足上海金融业、纺织及教育业，曾为苏州乡梓做过很多公益事业。他的侄孙就是世界建筑大师贝聿铭。贝润生的侄子贝祖诒，生于 1892年的苏州，曾先后担任中国银行广州、香港、上海分行经理及总行副总经

上图：入胜门及八角门

理。抗战胜利后，时任行政院长的宋子文极为赏识贝祖诒，并推荐贝祖诒于1946年出任中央银行总裁。贝祖诒虽身居要职，但公正廉洁，在他任职的银行中不用亲戚，众多兄弟、子侄从事金融工作，但没有一人是在贝祖诒的银行工作的。他就是贝聿铭的父亲。贝润生家族在狮子林还增建了部分假山、石舫和铸铁栏杆曲桥等，修缮了大部分原有建筑和假山湖池，使得贝氏家族时期的狮子林景观建筑的面貌一直延续至今，成为一处世界文化遗产。

## 3. 化身空间的假山与体验之酷

狮子林以园林假山著称，假山约占全园面积的七分之一。狮子林假山是苏州古典园林中最曲折最复杂的典型。体量规模也很庞大，距今已有600多年，是中国早期洞壑式假山群的唯一遗存。甚至被历史学家顾颉刚考证为是北宋花石纲的遗存，园中假山堆叠的时间早于狮子林的开园应该是无疑的。主假山包括上、中、下三层，共有9条小径，21个洞口，占地面积1.73亩。学者曹林娣曾评价："这些湖石叠置的拟态假山，立意象征的就是佛经中的狮子座。假山峻峰凌空，姿态各异的狮兽象征悟道的佛门弟子，还有象征南海观音、达摩一苇渡江的太湖石峰等，围绕着雄踞其首狮子峰顶礼膜拜，向世人宣示的是佛学的渊源，营造的是浓厚的佛教幻想意境。"大小近500头的狮形湖石，有太狮、少狮、吼狮、舞狮、醒狮、睡狮等象形，有的矗立，有的蹲踞，有的奔跃，有的仰俯，有的斗耍，有的嬉闹，有的沉思……，还有一处人工叠瀑假山是园主贝氏创造的园林山水音乐，它承袭了苏州园林造园设景的传统主题。清代的文人行游假山时，曾表达了"对面石阻势，回头路忽通；……如逢八阵图，变化形无穷；故路忘出入，新术迷西东；同游偶分散，音闻人不逢"的化身体验。所以说，假山更是酷的。

不过，从明清至民国乃至当代，学术界对狮子林假山的艺术评价却很有分歧。譬如，清代沈复、梁章钜和园林古建筑学家刘敦桢等人的评价不高，而建筑学家童寯和园林文化学者曹林娣则对其体现的园林史价值和悟道宗教价值给予了充分肯定。中国科学院常青院士从建筑人类学角度认为，所谓"身体隐喻"，即身体的空间体验与知觉可以通过物质材料和象征手段转换为物化形式，主

上图：入胜门外

下图：燕誉堂

体的感受因而可转化为客体的建成空间。因此，与"身体隐喻"相对应的空间就被称为"化身空间"。实际上，对中国古典园林的体验，就是"化身空间"中身体的园说。由此他进一步认为："中国古典园林与其说是风景观赏，不如说是场景体验，而'情色'体验首当其冲。"如今，诸如网师园、留园里植入《西厢记》《牡丹亭》等昆曲表演，试图再现传统中国的"情色"空间与美学。但今日的苏州园林毕竟已经失去了它的私家住居功能与氛围，即便是再造了一些场景活动，我们却难以复活那个时代的场所了。

## 4. 能量场与人生境界之酷

笔者从场所精神的视角也谈几句：狮子林以最大体量、最复杂的假山雄冠江南园林 600 多年，狮子状湖石为土之精，气之核，又为千万年太湖水所冲蚀雕刻，因缘北宋花石纲遗置于此，复有惟则禅师造园兴寺、清代状元府邸、贝润生购园中兴，其间虽有倪云林、乾隆等人幸绘、幸驾于此，但前者曾长达 20 年在太湖周边漂泊云游，直至临终前一年才受狮子林方丈如海禅师的邀请绘制《狮子林全景图》，而后者也仅是 6 次下江南时临驾狮子林。可以说，这处场所的历史主要是以禅寺丛林和儒家士商宅邸的两种方式延续的。如果说，孙悟空是精灵从石头里迸发出来的，《红楼梦》是记述石头坠入人间繁华一场后的悟空，前者代表了能量的奔放，后者代表了能量的损失，那么，狮子林的湖石假山则也是一处能量场，这一能量场在精神与物质的积蓄与释放上，曾经产生过巨大的能量值。在假山间穿行、迷失、顿悟所获得的能量是禅宗悟道的精神财富；以假山为石器时代的能量积蓄而开启金属工具时代的意象，沉积、更迭、投射到近千年后迎来的是近代巨商的一座园林境象再造，此时的所谓金属工具即为物质财富。

可以说，狮子林假山指向的是一种禅宗精神与儒商财富凝结的场所精神，指向这看似是世界的两极在此碰撞纽结、对照参透，在这炽烈对峙、冷热交叠之后，即便悟到了一切是从无到有，从有到空，却依旧在积土精、蓄石气，经人间、济世界的那处超酷的人生境界。

左图：古松、怪石与人

右图：假山入口

上图：独立狮峰与山泉

下图：假山与望山楼

右页上图：假山入口

右页中图、下图：狮峰兀立

# 北寺塔、双塔与瑞光塔

佛家气质

所谓"救人一命胜造七级浮屠",是古人对建佛塔,对人的生命的一种喻义。最早的浮屠(印度佛塔)就是印度阿育王用来珍藏佛陀的舍利子之用的,人们把对佛陀生命精神的信仰、传承与对普通人的生命价值的尊重、救助,表征为一致的标准,甚至生命救助还高于建造浮屠,可见佛家气质在生命议题上的伟大、质朴、平直。

## 1. 佛塔之阐释

《中国古代建筑史》(中国建筑工业出版社,1984)指出,中国佛塔的原型来自印度佛教的浮屠。文献中虽记载东汉时曾建有印度式浮屠(浮图祠),但缺乏实物。公元2世纪末,笮融在徐州建浮图祠,下为重楼,上累金盘,应是中国式阁楼木塔的萌芽。至北魏的《洛阳伽蓝记》记述,洛阳城内最大的永宁寺的木构楼阁式佛塔,关于它的高度,史料记载不一,有说塔高九层,一百丈,百里外都可看见;也有说塔高四十九丈或四十余丈,合今约136.71m,加上塔刹通高约为147m。它曾是我国古代最宏伟的佛塔。北魏中期开始出现模仿木塔样式的石塔,规模也很宏大,奠定了唐以后楼阁式砖石塔的发展基础。中国现存最早的砖塔是建于北魏正光四年(523年)的河南登封嵩岳寺塔。唐代的砖的产量和用砖的结构技术达到一定水平,用砖来代替木材建塔是一种

必然的途径，并且在形式上模仿木塔的形式也成为一种趋势。再至宋辽时期，楼阁式塔与砖石塔区别为三种：

第一种是塔身砖造，外围采用木构，其外形和楼阁式木塔没有多大区别。如：苏州的北寺塔、瑞光塔、杭州的六和塔；

第二种是塔全部用砖或石砌造，但塔的外形完全模仿楼阁式木塔。屋檐、平坐、柱额、斗拱等都用砖石按照木构形式制造构件拼装起来。如：苏州的双塔、泉州的开元寺塔；

第三种是塔用砖或石砌造，模仿楼阁式木塔，但在模仿上做了适当地简化。如：山东长清的灵岩寺塔、河北定州开元寺塔。

元明清时期的佛塔在北方地区曾大量建造喇嘛塔，广大汉族地区则多为楼阁式塔。

学者李允鉌认为，塔在中国的发展，事实上显得很复杂，基本上可分为两类：一类是塔庙；一类是塔坟。楼阁式木塔一般作为多层的佛殿，就是中国最早发展起来的一种形式，被称为浮屠、浮图，它立于寺庙建筑的中心，它相当于印度佛教的精舍或僧伽蓝，是一种殿堂的功能。其最宏伟的代表就是北魏时期的永宁寺塔。此塔建成仅18年就毁于火灾。大概因此教训，木结构的高层建筑此后就没有得到很大的发展，这个问题是中国建筑之所以改变向平面延伸的一个很主要的关键因素。另一方面，北魏时期，舍宅为寺增多，佛塔就不可能再是佛寺的中心，也不再是礼佛的殿堂，而是被当作独立的置放"圣物"和"舍利"，表征佛法的纪念性建筑物。此时的佛塔转为砖石结构来建造，主要原因可能是与其功能目的相配合，因中国建筑"坟"传统上是用砖修筑的，因此，塔是具有了"坟"的内容的纪念性建筑物。笔者认为，如果说防火意识是中国木结构建筑改变向平面延伸的一个很主要的因素，再加之木结构高层建筑所需的大型木料基材不易采伐，难以大量供应，在这些使用安全与建造成本等关键因素的作用下，还应加上来自儒教伦理对中国建筑向水平方向

上图：北寺塔

中图：双塔

下图：瑞光塔

延伸的影响，这也是一个文化体制上的关键因素。比如在传统住居建筑中：厅、堂为最重要的、等级最高的建筑，供主人议事待客之用；楼、阁是次要的、等级较低的建筑，供家眷和主人自己起居、休闲之用。但后者往往在高度上要高于前者，两者之间的主从、尊卑关系并不是以建筑的绝对高度来定义，而是以儒教等级序列定义的各单体建筑来组群平面布局。

## 2. 建筑文化探微

学者张家骥说："中国木构建筑的空间结构特点是宜于向水平向扩展，西方砖石结构建筑易于向高度升延。这种现象就形成一些西方人的观念，认为：'我们占领着空间，他们（中国）占据着地面。'这是不了解中国的历史之说。"

中国早在商代就有鹿台，周代有灵台，春秋战国至秦汉时期，高台建筑十分盛行，非常著名的就有：楚国的章华台、吴国的姑苏台、曹操的铜雀台等。这些台低者有 20 多米，高者建于山巅超过百米。随着之后的木结构技术的进步，中国的佛塔、楼阁就是向高空发展的单体建筑。如前者的应县释迦塔，高度为 67.3m；而著名意大利的比萨斜塔，高度为 46m，两者都是象征着宗教与上天的对话；后者有滕王阁、黄鹤楼，其体量与高度也不逊西方的宗教建筑。但是同步于西方中世纪，儒教伦理对中国建筑的影响日益加深，尤其是宋明以降，中国民间的城市中，向高度发展的单体建筑一般为城门楼、钟楼、鼓楼和佛塔，而其他大规模的住宅、寺庙（不含佛塔）、祠堂、衙署、园林、商铺等建筑大多向水平方向扩展组群，以符合儒教礼制的社会伦理。这与西方中世纪的教堂建筑力求向高度发展形成了鲜明的对比，因而会有上面提到的西方学者的那一说。笔者试从建筑人类学角度提出一个看法：这是因中国的儒教垂直压力结构导致的。进一步思考将在本书第二卷的"建筑人类学视线"中展开。

上图：瑞光塔内佛龛

话题再聚焦佛塔，佛教于东汉传入中国，最早的官方寺庙是洛阳的白马寺，但寺中无塔。直至汉明帝永平十年（67 年），显节陵墓上安置有印度佛教浮屠上的"刹"。而这一造型正是发展出中国特色的楼阁式宝塔的原型。据史料记载，汉献帝时的丹阳人笮融是中国佛教史上第一位造宝塔的人。从《后汉书》、《三国志》中可知，笮融是个背信弃义、为私利不择手段的小人，他"坐断三郡委输以自入"，即占据三郡的郡守之位为自己谋取巨额财富，虽未受到朝廷的裁制，但会为人民群众所腹诽心谤。于是，他以不义之财来建造佛寺佛塔，一方面是为收买人心，另一方面则为了抚平自己的亏心，以达成某种"救赎"。据载，笮融不惜"费以巨亿计"建造"可容三千人"的宏大寺院，并用黄金做佛像，举行浴佛会，实行施食，沿路布席，吸引民众就食者上万人。如此轰动，所以也被载入史册。而这第一座中国式佛塔除记载外，实地早已无迹可寻，我们仅能从汉墓出土的陶楼文物上，一窥其大致的形态。

东汉时期，基督教尚未传入中国，笔者将笮融建寺造塔定义为一种"救赎"观念和行为，是觉得对于普遍的人性，道德就是个人的内在律令，多行不义若未自毙，即是上天让人自省以赎罪。因此，"救赎"应是一个关乎道德生命、赎罪生命的普遍概念，无论对于基督教还是佛教。况且佛教的轮回观念也类似一种救赎。当然，笮融也可能仅是出于收买人心，那么，利用宗教给自己贴金，却没有自我救赎的内心，他或许就该入围"中国厚黑学史人物榜"了！如此看来，那样瑰丽多姿的中国佛塔的起源，却有着这样复杂人性的一种建筑文化背景，这也足以令人寻味、发人深省。

## 3. 建筑学简释

苏州古城现存的北寺塔（建于南宋绍兴二十三年；1153 年）、双塔（建于北宋太平兴国七年；982 年）、瑞光塔（建于北宋景德元年，至北宋大中祥符二年建到三层，再至北宋天圣八年建成；1004 年、1009 年、1030 年）分别以76m、33m 和 53m 的高度，代表了苏州古城的传统单体建筑与上天的对话。

左图：北寺塔前牌楼

右图：瑞光塔的腰檐

于此，笔者梳理有关建筑学文献资料如下：

北寺塔又称报恩寺塔，位于苏州古城内人民路北段的报恩寺内。报恩寺是苏州最古老的一座佛寺，始建于三国吴赤乌年间（238～251年），相传是孙权母亲吴太夫人舍宅而建，古称通玄寺。唐开元年间（713～741年）改为开元寺。五代北周显德年间（954～959年）重建，易名为报恩寺。北寺塔是中国现存最高大的砖木结构古塔，高达76m。历史上曾屡次被焚毁，现存之塔由南宋绍兴二十三年（1153年）僧人金大圆主持建造。明清时期几度修葺，中华人民共和国成立后又几度全面整修。北寺塔为九级八面砖木结构，塔身由外壁、回廊、内壁、塔心室组成。外壁挑出木构腰檐、平座、八面辟门。基座与台基石雕有人物、鱼形纹饰，覆以外廊，副阶上为八面飞檐。塔心室等处的砖砌斗八藻井等仿木构装饰，复杂华丽。北寺塔宏伟中蕴含着秀逸的风韵，为吴中诸塔之冠。

左图：平头栱与柱头斗栱

右图：平座回廊与擎檐柱

上图：北寺塔仰视

下左图：宋式石作基座

下右图：副阶内塔心室入口

上图：北寺塔的檐人

双塔位于苏州古城定慧寺巷内。唐咸通二年（861年）盛楚创建佛寺于此，初名般若院，五代吴越钱氏改为罗汉院。北宋太平兴国七年（982年）至雍熙年中，王文罕、王文华兄弟捐资重修殿宇，并增建砖塔两座，千余年来仅多次修理塔刹相轮，结构式样保持不变。塔的外壁虽为八角形，但内部方室仍沿袭北魏以来旧制，是唐宋之间砖塔平面演变的实物例证，即实证了从寺庙中心建佛塔转为佛殿前建双塔，再转为佛殿后建佛塔这一演变路径。苏州双塔是东西比肩而立的两座七层八角楼阁砖塔，形式、结构、体量相同，底层墙表相距仅15m，高约33.3m。双塔形制模仿木塔，二层以上施平座、腰檐，腰檐微翘，翼角轻举，逐层收缩。顶端锥形刹轮高8.7m，约占塔高四分之一，整体造型玲珑秀丽，有双笔文峰之美誉。腰檐以叠涩式板檐砖和菱角牙子各三层相间挑出，上施瓦垄垂脊。各层外壁表面隐出转角倚柱、阑额、斗栱，均仿木结构式样。平座亦以叠涩砖及砖砌栌斗、替木构成。座上原有栏槛，今已无存。底层原有副阶周匝，早已倾圮，仅存角梁和砖石台基。第六、七层塔内方室中央立支持刹轮的刹杆，下端以大栿承托。塔冠上的塔刹用生铁铸成，每个足有5吨重，它们与塔身的比例结构独特，堪称江南佛塔的奇观。

左图：双塔罗汉院遗址的石柱

右图：塔刹

上图：双塔

瑞光塔坐落于苏州古城西南的盘门内。瑞光寺初名普济禅院,三国吴赤乌四年(241年)孙权为迎接西域康居国僧人性康而建,后来,孙权为报母恩又建十三层舍利塔于寺中。今塔系北宋景德元年(1004年)至天圣八年(1030年)所建,当时佛寺名为瑞光禅院。寺院历经毁修。瑞光塔为七级八面砖木结构楼阁式,砖砌塔身由外壁、回廊和塔心三部分构成,外壁以砖木斗栱挑出木构腰檐和平座。每面以柱划分为三间,当心间辟壸门或隐出直棂窗。底层四面辟门,第二、三两层八面辟门,第四至七层则上下交错四面置门。内外转角处均砌出圆形带卷刹的倚柱,柱头承阑额,上施斗栱。外壁转角铺做出华栱三缝,补间铺作三层以下每面两朵,四层以上减为一朵。全塔的腰檐、平座、副阶、内壁面、塔心柱以及藻井、门道、佛龛诸处,共有各种木、砖斗栱380余朵。瑞光塔现通高约53.6m,砖砌塔身基本上是宋代原构,塔身底层周匝副阶,立廊柱24根,下承八角形基台,周边为青石须弥座,对边23m,镌有狮兽、人物、如意、流云,简练流畅,生动自然,堪称宋代石雕佳作。瑞光塔外形的轮廓微成曲线,形制古朴、清秀柔和、隽秀挺拔,是宋代南方砖木混合结构楼阁式仿木塔比较成熟的代表作。

右上图:狮兽纹石作基座

右中图:流云纹石作基座

右下图:如意纹石作基座

右图:瑞光塔全景

上左图：风铃与戗角　　上右图：塔刹　　中左图：平座勾栏细部　　中右图：壸门门洞

下左图：副阶檐下斗栱　　下右图：塔上眺景

## 4. 印光法师的关照

民国时期的苏州古城内，最高的传统单体建筑仍是北寺塔、双塔、瑞光塔，而一代佛门高僧印光法师是否也曾在塔下的余晖中驻足静默呢？其实，更多的时光里，作为佛教净土宗第十三代宗师，印光法师曾住锡苏州的自造寺、报国寺、灵岩山寺近14年，其中在报国寺闭关历时近七年，这是苏州佛教史上的一大法缘。据学者孙勇才的《印光法师与现代佛教》一文记载，因报国寺住持明道法师与众多求皈依者的恳请，印光法师特辟每月农历初一和十五，接受苏州人的皈依。在这短短近七年时间里，有6000多人成为印光法师的皈依弟子。而他的著作《印光法师文钞》以文字摄化众生、利益世间、名震海内，请求摄受者日益众多，还获当时民国政府颁发的"悟彻圆明"匾额。

有一天，诸慧心居士等人来访自造寺，看见印光法师正自己汲水洗脸，于是要为法师代劳。印光法师辞谢说："予居南海数十年，事事躬亲。出家人呼童唤仆，效世俗做官模样，予素不为也！"又有一天，刘柏荪居士前来求教。因正值天气炎热，刘居士恳请印光法师与苏州某巨绅同去莫干山避暑。印光法师听闻后正言厉色说："予住普陀，气候愈热，愈喜做事。天天握管写信且不暇，何暇学今人时髦乎？"1940年11月，印光法师在灵岩山寺圆寂前的最后一句关照，即对接班人妙真法师的开示："汝要维持道场，弘扬净土，不要学大派头。"

举以上印光法师二三事迹可鉴：即便是佛门净土，也要保持对权力的警觉。因为，当人性遇见权力时，往往就会变质。印光法师力持一方纯粹净土的佛家气质，再次折射了生命议题上的伟大、质朴、平直！

上图：瑞光塔内的夕照

# 虎丘

**历史地标：儒道释帝俗的杂糅**

素有"江左丘壑之表,吴中第一名胜"之誉的虎丘,与苏州古城内诸多以人工"城市山林"著称的古典园林相较,是一处园寺包被山水,文脉丘壑形胜的自然山水园林。如果说,拙政园、留园、艺圃等为代表的苏州园林是以宅园分立、儒道相形为建筑空间特色,那么,虎丘却是以山藏筑、筑包山,山筑合一的园林空间构成,堪称"含真藏古之踞丽,丘壑园筑之绝胜"的中国山水园林典范。

笔者以虎丘的山水、园林、建筑、空间为对象,通过对其空间的意象、结构、特性等共时性要素,及其承载的儒道释帝俗等场所文脉的历时性要素这两者的空间传播之探析,旨在探寻虎丘的场所精神,也为中国山水园林的境象研究提供一处参注。

探析虎丘的空间传播,可以从建筑现象学入手,把建筑理解为人存在的立足点,其基本精神是回归生活世界,回归建筑本身。建筑现象学的一个基本目的就是揭示建筑环境的本质和意义,而这种本质和意义又被归结到场所这个重要概念之中。建筑现象学的具体方法表现为:一是用具体而不是抽象和缩减的概念来描述环境现象,即通过这些术语所明示或隐含的具体环境结构形式和意义,将环境与人们的具体生活经历紧紧联系在一起;另一个是在具体的环境中,

虎丘名胜全景

上图：虎丘鸟瞰图

来源：苏州虎丘山风景名胜区管理处网站。

由特定的地点、人群、事物和历史构成的环境中，考察人们与环境之间的相互联系，从人们的环境经历中揭示出建筑环境结构和形式的具体意义和价值。

建筑现象学"直接面对事物本身"的考察方法即确定了它的基本内容。从总体上看，这个内容大致包括以下四个方面，它们也与建筑空间传播的要素相契合：

（1）建筑环境的基本质量和属性；

（2）人们的环境经历及其意义；

（3）衡量建筑环境的社会和文化尺度；

（4）场所和建筑同人们存在的关系。

# 1. 山水园林虎丘的空间意象

《吴地记》载："虎丘山绝岩纵壑，茂林深篁，为江左丘壑之表。"苏东坡曾言："到苏州而不游虎丘，乃憾事也。"据《史记》载，吴王夫差葬其父阖闾于此，三日后有白虎踞其上，故名虎丘；宋代朱长文则认为丘如蹲虎，以形名。宋方仲荀曾以"出城先见塔，入寺始登山"的诗句描写虎丘塔当空，山藏寺里，建筑与山体的浑然天成。而明代高启的"老僧只恐山移去，日落先教锁寺门"，则更见风趣。

虎丘高仅 36m，面积不到 300 亩，但气势雄奇，有"九宜"之说：宜月、宜雪、宜雨、宜烟、宜春晓、宜夏、宜秋爽、宜落木、宜夕阳，无所不宜。南朝吴兴太守褚渊过吴境，驻留数日，登览不足，感叹道："昔之所称，多过其实，今睹虎丘，逾于所闻，斯言得之矣。"

以上这些古人对虎丘的体验，为我们开启了一窥虎丘意象之门。可以说，虎丘意象是杂糅的，这种杂糅主要从两个方面呈现并结合为苏州的地标指向，千百年的时空涌流与凝结于此的吴地精神，正是让人们通过对虎丘意象的追寻与发现来认同自身的存在与场所的关系。

（1）含真藏古的空间意象

建筑学者李晓东指出："中国景观表现出来的最重要的特性是'势'，即'自然的张力'。海外学者 John Hay 认为'势'是无论一般还是特殊的事物所表现出的一种具有潜力状态的，任何现象的外形。因此它既在时间又在空间范畴内，永远也无法被几何化的方式描述和固定下来。空间和自然景观拥有两个控制自然界最原始而又最永恒的力量：气和势。有生命力的气和作为结构的势相互作用，产生的力量赋予自然景观以勃勃生机。"

虎丘位于苏州古城西北 3.5km 处，其地质构造上是中生代火山爆发后的残存，曾为海中一小岛，古称"海涌山"。与苏州城西的穹窿山脉的诸山不同，它是一处火山遗存。虎丘是西边诸山中距离苏州古城最近的一座，沃野平畴中兀立于吴中大地上，在历史上仅有七里山塘河与苏州城相联系。虎丘的"势"与"气"却是非同凡响。古人亦有"三绝"之说：即"望山之形，不越冈陵，而登之者，见层峰峭壁，势足千仞，一绝也；近邻郛郭，矗起原畴，旁无连续，万景都会，西连穹窿，北眺海虞，震泽沧州，云气出没，廓然四顾，指掌千里，二绝也；剑池泓淳，彻海浸云，不盈不虚，终古湛湛，三绝也。"

以虎丘如此有限量感的山体，却能造就非凡的"势"与"气"，这不仅是大自然的造化，2500 多年前春秋时代肇始的神秘气息，加之经东晋、唐、宋、元、明、清历代至今的经营，即人的气息痕迹赋予虎丘人文的张力。因而，自然与人文的张力共同塑造了虎丘的"抑巨丽之名山，信大吴之胜壤"（南朝顾野王诗句）。

晋代顾恺之曾赞虎丘为"含真藏古"之地（图1），"含真"者，应与其神秘气息所覆盖的空间意象有关。史载吴王夫差葬其父阖闾于此，葬后三日有白虎踞其上，故得名虎丘。宋代朱长文则认为丘如蹲虎，以形名。而现在一般的

图1：虎丘断梁殿内含真藏古

说法是：正山门为虎口，山体为虎身，云岩寺塔（虎丘塔）为虎尾，形似伏虎。似乎可见其"虎气真阳"的空间意象。此间笔者另有看法，即今日虎丘的山体建筑组合结构，基本上是在平面上投射为"虎"的字形结构：云岩寺塔为"卜"部；致爽阁、塔院、御碑亭、千顷云、万家灯火、小吴轩的水平"一"连线与巢云廊、三泉亭、冷香阁、拥翠山庄的"丿"形连线组合成"厂"部；悟石轩、可中亭、大佛殿、五贤堂、五十三参、仙人洞、白莲池、点头石、平远堂、花雨亭、养鹤涧连线为"七"部；万景山庄为"几"部。如此四部笔画的组合恰成"虎"字。（图2）这是对虎丘空间意象的又一解读。

而"藏古"者，阖闾墓、夫差试剑石、西施梳妆井；东晋高僧竺道生的"顿悟成佛"；南宋禅宗临济宗的绍隆禅师"虎丘派"讲学；道家吕洞宾与陈抟相遇对弈，清远道士养鹤；康熙、乾隆御驾登临题赋；历代文人如晋代顾恺之，六朝顾野王，唐代颜真卿、李白、白居易、韦应物、刘禹锡、陆龟蒙、皮日休、宋代苏轼、米芾，元代赵孟頫、倪瓒，明代王鏊、沈周、文徵明、唐寅、张岱、袁宏道，

图2：虎丘之虎字形投射图

清代吴伟业、朱彝尊、洪钧、陆润庠等，成为虎丘的儒释道帝王遗迹的藏古之地。亦即"含真"为气，"藏古"为迹，气迹与"抑巨丽之名山，信大吴之胜壤"的气势浑塑了虎丘的空间意象。

正如诺伯格·舒尔茨所说的："景观和聚落可以用空间和特性的范畴来描述。空间是对构成场所的要素进行三维的组织，而特性则描述该场所普遍的气氛，气氛是场所最为广泛、综合和全面的特征。"由此可见，虎丘的气迹与气势混合了含真藏古气氛这一场所的特征。

（2）万物生长的空间意象

阴阳和五行则是中国人传统世界观的基础，也是中国美学的哲学原理和方法论。从阴阳五行观可以揭示万物生长的内在规律与属性。

在阴阳关系上，李晓东先生认为："中国传统的美学理论涵盖了'有'和'无'这两种基本思想。尽管这两种不同理念各有其特点，它们的主旨却同样是寻求超凡脱俗的意境和远离尘嚣的潇洒。中国传统思想也正是在这点上和西方有所不同，中国美学理论着重于物体组合所表现的意境，而从来不对美的物体本身加以强调。在中式空间中，人们对宇宙的想象主要体现在基本的中国空间特性上：'有'和'无'，即有形的围合和无形的气。中式空间体验的主体是人在空间中产生的对'有'和'无'的交叉感受，而艺术在其中起到只是激发人们的联想。'游'成为体验中国传统空间的必要方式：亲历万物生长的空间，而非远观般的欣赏。在中国的传统空间概念中，空间本身的大小形态并不重要，重要的是人体验到空间大小形态的变化。这个原则奠定了中国美学理论的基础，也同样主导着中国人的世界观"。

由此，似乎可以从阴阳关系上来认识一下虎丘的空间意象：四野平畴与丘壑矗立、寺观园筑与山水、山阳佛寺与山阴道观、山南喧闹与山北幽玄、阖闾墓与虎丘塔、千人石与剑池、虎丘山与山塘河、树植与山石、建筑与院落、斗与棋、儒家士大夫与民俗、帝王与民间、形与势等，这些两极化引发了空间的互动与变换。而从五行关系来看，剑、吴王、战争为金，建筑、园林、树植主木，河、池、涧、泉、道观为水，佛寺庙堂为火，丘壑、民俗、儒士为土。阴阳互生、五行轮回、万物生长的虎丘，比苏州古城内任何一座古典园林都更为丰富地将"天地神人"的空间元素杂糅一体。在虎丘塔的视觉统领下，其他各类景观元素并不强调主次关系，却可以有无相生、形态相宜，呈现万物生长的造化与造物。令人们在亲历其中的空间体验是虽身行丘壑人间，却有云泉巨势之攀；虽游赏一山，却可统窥吴地神貌。此处阴阳五行的描述，或有牵强附会之嫌，但对虎丘天地神人、万物生长的直觉，也可为现象学的一种方法。

再譬如，以现象学看明代的虎丘，袁宏道的《虎丘记》曾描述到："虎丘去城可七八里，其山无高岩邃壑，独以近城，故箫鼓楼船，无日无之。凡月之夜、花之晨，雪之夕，游人往来，纷错如织，而中秋为尤胜。每至是日，倾城阖户，连臂而至。衣冠士女，下迨蔀屋，莫不靓妆丽服，重茵累席，置酒交衢间。从千人石上至山门，栉比如鳞，檀板丘积，樽罍云泻，远而望之，如雁落平沙，霞铺江上，雷辊电霍，无得而状……剑泉深不可测，飞岩如削。千顷云得天池诸山作案，峦壑竞秀，最可筋客。但过午则日光射人，不堪久坐耳。文昌阁亦佳，晚树尤可观。而北为平远堂旧址，空旷无际，仅虞山一点在望，堂废已久，余与江进之谋所以复之，欲祠韦苏州、白乐天诸公于其中；而病寻作，余既乞归，恐进之兴亦阑矣。山川兴废，信有时哉！"

无疑，直至今日，虎丘的山水园林仍在传播着"含真藏古、万物生长"这一空间意象。

## 2. 山水园林虎丘的空间结构

从历史形成看，远古时代，虎丘曾是海湾中的一座随着海潮时隐时现的小岛，历经沧海桑田，最终从海中涌出，成为孤立在平地上的山丘：海涌山。虎丘的人文历史可追溯到春秋时期，它是吴王阖闾的离宫所在。公元前 496 年，阖闾在吴越之战中负伤后死去，其子夫差把他的遗体葬在这里。而虎丘由帝王陵寝成为佛教名山和游览胜地始于六朝。唐朝时期，白居易出任苏州刺史并领导苏州百姓自阊门至虎丘开挖河道与运河贯通，沿河修筑塘路直达山前，又栽种桃李数千株，并绕山开渠引水，形成环山溪。为纪念白居易功绩，后人称塘路为白公堤，即今山塘街，河为山塘河，皆长七里，号称"七里山塘"。此后一千一百多年间，山塘成为连接阊门与虎丘的唯一纽带，是从苏州城去虎丘的必经之路，历史上两者有着不可分割的关系，所以明清两代虎丘的多部山志无不将山塘包括在内，一并加以记述。南宋绍兴元年（约 1131 年），高僧绍隆到虎丘讲经，一时众僧云集，声名大振，遂形成禅宗临济宗的"虎丘派"。从此至元明清，虎丘一直是东南丛林号为五山十刹者，遂居其一，并成为帝王、僧道、儒士、凡俗（儒道释帝俗）流连云集、寄情咏志的吴中第一名胜。

从地理位置看，虎丘位于苏州古城西北 3.5km 处，四野平畴、孤山兀立，西接穹窿山脉，南望洞庭太湖，北眺江左虞山，东南却有七里山塘与苏州古城连接，因而千百年来可见，姑苏城的市肆繁华云蒸虎丘的山壑霞蔚；姑苏城的万家灯火映照虎丘的苍鹭齐飞；姑苏城的人文风流经七里山塘浸染虎丘的大吴胜壤。这一独特的山水人间格局，使虎丘成为交汇天地人文的一处场所凝结之地。

（1）地形景观

李晓东先生曾引用西方学者对中国空间的解读："山是与天接触的地方，自然景观是一块净土，没有偏见和邪恶，它提供了一块场地，使一个有知识的人——即使没有显耀的身份和地位，也能够在这里讨论个人价值的问题；同时，它也为人们提供了一块圣地，以追求天人合一的境界"。

虎丘高仅 36m，占地仅 200 余亩，在平林远野中孤立而起，并为建筑园林所包被，从地理景观学所强调的"形势"可见，"千尺为势，百尺为形"的理念，在历代山水园林建筑的规划设计中就已然应用了。这种理念应用包含了从远处观大体直至近处观建筑细部的动态考虑。虎丘作为苏州地区的一处小型体量山丘，由于其特殊地形造就的"形势"非凡，使其成为追求天人合一境界的一处理想场所。以形势非凡而言，我们可以看到，虎丘的地形结构由环山河、山谷、山脊、台地、盆地、缓坡、峭壁、涧壑、泉池、溪涧等构成，其地貌为园林建筑、树植、岩石所包被。各类地形地貌要素之间的关系对比强烈、虚实互生，其形势复杂而充满张力，又在布局上疏密得当，集结有序。

就其中一例园林建筑而言，如何从与地形的结合中求统一和营造形势，按彭一刚先生的《建筑空间组合论》，从广义的角度来讲，凡是互相制约着的要素都必然具有某些条理性和秩序感，而真正做到与地形的结合，也就是说把若干幢建筑置于地形、环境的制约关系中去，则必然呈现出某种条理性或秩序感，这其中自然而然就包含有统一的因素了。例如：从拥翠山庄至冷香阁，再至致

上左图 3-1：虎丘拥翠山庄门

上右图 3-2：虎丘拥翠山庄东侧墙外戆戆泉

下左图 3-3：冷香阁院墙

下右图 3-4：致爽阁院外

爽阁这三个建筑组团，就是沿着山体坡度形成由南向北、由低向高的三级叠升，
其建筑群体体量与山体叠加，虽不高拔，却造成陡峻的形势，与二山门后至
千人石的步道以及千人石盆地广场形成强烈的形势高差。此处建筑与山地的
秩序性与统一性得以加强，其创造出的山水园林空间的跌宕气势是城市园林
无法比拟的（图 3）。

（2）空间构成

笔者认为，虎丘（历史景区）的园林建筑空间总体构成主要是由六处建筑群组和两处经典单体建筑组成的。即拥翠山庄与冷香阁建筑群组，致爽阁与塔院等建筑群组，千顷云、万家灯火、小吴轩、五贤堂、大佛殿、悟石轩等建筑群组，东南麓万景山庄建筑群组，北麓小武当、玉兰山房等建筑群组，西麓西溪环翠建筑群组，以及二山门和云岩寺塔两处单体建筑。如果从虚实关系上将这些建筑群组、单体建筑作为空间的实，则虎丘二山门至千人石的步道，千人石广场，五十三参、憨憨泉、剑池、第三泉、养鹤涧，云在茶乡、竹海、环山河则为环境空间的虚，其虚实空间既体现了主从关系，又很好地进行了疏密关系的布局，并且在空间序列中游赏流线的经营，空间的藏与露，空间渗透、空间对比等设计处理中，创造了堪称"道法自然、融于自然"的环境营造实例和独特的山水园林场所体验。

1）空间序列

虎丘的组织空间序列沿主要人流路线逐一展开，有起伏、有抑扬、有收束、有高潮，这些空间集群的处理呈不对称、不规则形式，为游赏虎丘营造出渐入佳境、富有情趣与神秘感的氛围。例如：主要流线从正山门至二山门的步道比较视野舒阔（图4、图5），再从二山门迈向千人石的登山缓坡步道则为两侧山体夹抑而明显收束（图6），当抵达千人石时，眼前豁然开朗，至千人石盆地广场，视线有一定的围合感，使得此处空间成为游赏虎丘南山主要景点的集结地，形成空间序列的第一个高潮（图7）。由千人石观赏颜真卿手书"虎丘剑池"，并引导视线至其左侧"别有洞天"月洞门形成空间的第二道收束（图8），待经千人石迈过别有洞天门，神秘幽深、三面壑壁的剑池豁然眼前，此处又形成空间序列的第二个高潮（图9）。继续由登山石阶进入云岩禅寺门后，悟石轩及大佛殿建筑组团再次形成空间的收束和封闭感（图10），待继续登高转入云岩寺塔院后，空间再次放开，此处是虎丘山顶远眺、俯瞰景致的最佳处，空间序列的第三个高潮由此实现（图11）。

上左图 4：虎丘正山门

上右图 5：虎丘二山门（断梁殿）前北望

中图 6：二山门后登山道

下图 7：千人石南

左上图 8：别有洞天门

左下图 9：悟石轩北院通往大佛殿

右图 10：剑池

2）空间的藏与露

彭一刚先生指出："中国画论中强调意贵乎远，境贵乎深，传统的造园艺术也往往认为：露则浅，而藏则深，为忌浅露而求得意境之深邃，则每每采用欲显而隐或欲露而藏的手法，把精彩的景观或藏于偏僻幽深之处，或隐于山石、

图 11：塔院

树梢之间。传统园林不论大小，都极力避免开门见山，一览无遗，总是千方百计地把"景"部分地遮挡起来，而使其忽隐忽现，若有若无"。

虎丘的园林建筑是以其天然山水地貌为基地，经过历代僧道、士大夫及民间人士的设计，并且很多是在历史上原址的层叠营建，因此，在空间的藏与露上，更多地巧借地形地势，起伏仰俯的高差，以及峰回路转的掩映来表现意境深远的空间美学。例如：由正山门外望虎丘，仅见林道深远处云岩寺塔，却将山体掩藏，未见其真面目（图 12），从致爽阁平台仰视云岩寺塔（图 13），北麓小武当俯视（图 14），陆羽井门洞俯视（图 15），从云在茶香望玉兰山房（图 16），灵澜精舍（图 17）等。

上图 12：正山门望虎丘塔

右页上图 13：从致爽阁平台眺虎丘塔

下左图 14：小武当　下右图 15：陆羽井

右页下左图 16：从云在茶香望玉兰山房　右页下右图 17：虎丘拥翠山庄灵澜精舍

上左图18：从悟石轩北院西眺空间层次　　上中图19：从悟石轩北院东眺空间层次

上右图20：远引若至的空间层次　　下左图21：东麓洗手间休息室　　下右图22：万景山庄月洞门

右页图23：万景山庄水榭

3）空间渗透

在群体组合中,借建筑物、廊、墙、门洞、树木、山石等把空间分隔成为若干部分,
但却不使之完全隔绝,二是有意识地通过处理使各部分空间相互因借、彼此
渗透,从而极大地丰富空间的层次感。从一个空间看到另外一重、二重、三重、
四重,乃至更多重的空间院落,营造深远的幻觉。这又何尝不是古人将空间
处理为人生历时性境态的一种隐喻。例如：从悟石轩北院西眺和东眺的空间层
次（图18、图19）,从远引若至门洞观登山步道（图20）,东麓洗手间的天井
（图21）,万景山庄迎晖月洞门（图22）,万景山庄水榭透视（图23）等。

4）空间对比与封闭感

虎丘的园林建筑主要通过群体组合求变化，这反映在外部空间的处理上几乎
处处都离不开空间对比手法的应用。拥翠山庄不波艇与山石步道（图24），第
三泉与亭（图25），五十三参与大佛殿（图26），从悟石轩俯瞰千人石（图27），
东麓仰视小吴轩（图28），西溪环翠的亭与溪池的对比（图29）等。另外，
利用封闭的内部环境与开阔的自然空间进行对比，也是山水园林建筑的一种
传统手法。例如，拥翠山庄就是封闭感较强的建筑组团（图31～图35），也
是虎丘内嵌套的一处自成体系的山地园林，其错层叠落式建筑与院落，精巧
地显现了与城市古典园林迥异的山水园林体例。笔者曾小憩于拥翠山庄内的
问泉亭（图30），东侧院墙与树荫将院内空间与院墙外的登山步道隔离视线，
只听见鸟鸣林间，春枝摇曳，步道上游人话语阵阵传来，而问泉亭内，却是
我与斜阳对坐，即兴而咏："不问人间话语，只听墙外林泉"。

上左图 31：虎丘拥翠山庄灵澜精舍内南望月驾轩

上右图 32：虎丘拥翠山庄灵澜精舍后院西侧墙

下图 33：虎丘拥翠山庄问泉亭南院侧墙

右页上图 34：虎丘拥翠山庄第一进西弄

右页下图 35：虎丘拥翠山庄抱瓮轩后院东侧台阶

# 3. 山水园林虎丘的空间特性

李晓东先生还认为："在东西方的美学中，秩序与和谐是其基本原则。而和谐高于秩序，可以作为中国艺术创作的规则和礼仪的最终目的，因为它包含了自然与人的稳定关系，它贯穿了整个中国哲学史。这种和谐超越自然万物。因此，和谐不仅是指人与自然的外部关系，而且也意指了在社会发展中，合理的人本身内在的特质。一般来说，中国传统建筑力争达到这种和谐，并以此作为形式化的最终目的与基础，而这种和谐体现在文化和社会的众多方面。进而，文化和社会作为时间性的因素，以其作用于空间形式的制度化，并以周期性的发展模式成为美学发展的最高成就，因其价值成为永恒的经典形式"。

的确，这在苏州的文化概念形成过程中亦如此，进而，在其园林建筑形式的概念过程中亦如此。我们于此通过"时间展开空间"，从几处纪念性建筑、纽结的空间体验等方面来解读山水园林虎丘的空间建筑特性。

（1）纪念性建筑

云岩寺塔（虎丘塔）现残高48m，为八角仿木结构楼阁式七层砖塔，是江南现存唯一始建于五代的多层建筑。其腰檐、平座、勾栏等全用砖造，外檐斗栱用砖木混合结构。现塔顶轴心向北偏东倾斜约2.34m，据专家推测，因塔基岩在山的斜坡上，填土厚薄不一，故塔未建成已向东北方倾斜，但斜而不倒屹立千年。在空间关系上，云岩寺塔成为统摄虎丘景观的视觉高点。无论是从南麓的正山门、二山门、千人石，东麓，北麓，西麓，还是六处建筑组团空间视线而言，其对空间的视觉引导而形成的场所概念非常明晰，它展现的那种永恒迷人的神秘性质具有对虎丘空间的决定性作用。建筑学者沈克宁说："如果一件建筑设计仅仅从传统中来，而且仅仅重复场址的决定性因素，则会缺乏对今日世界和当代生活的关注。如果一件建筑仅仅谈及当代的潮流和负责的视像而没有触发与场所的共鸣，那么该建筑就没有锚固在其场所上，因为它缺少建筑赖以立足的特殊引力，缺少它立足于该地点的特殊引力。"在此我们似乎看到，使虎丘塔以

上图36：千人石西眺生公讲台

下图37：北麓仰望虎丘塔

右图38：五贤堂北院眺虎丘塔

它千百年来的屹立，以寂静俯瞰喧哗的气质，是与其构造、坚固、完整、温暖以及神秘感相联系的。千百年来，它成为苏州人的语言、神话、习俗所生成的隐喻式符号。而这一符号的集体式记忆又被赓续、往复地书写在虎丘场所，无疑虎丘塔是苏州场所最重要的精神符号之一（图36～图38）。

二山门（断梁殿）为元代建筑，其结构上承袭了宋代建筑的特色。脊桁为两段圆木相接而成，故俗称断梁殿。其门扉、连楹、屋顶瓦饰及部分斗栱虽经后世修补，但仍保持了元代风格。虎丘山寺建在山里，是深山藏古寺的格局，而山门建在山前，形成山藏寺，寺包山，山寺合一的模式，游山即为访寺，建筑与山体浑然天成，妙趣横生。在传统的中国园林建筑中，很多情况下，建筑的立面都是作为内院的背景，并不构成外部的景色。因此，中国传统建筑没有充分注意体现中距离的视觉效果。而二山门作为寺院建筑则是一个例外，它在中国传统建筑构图上不在于可作台基、墙柱构架与屋顶的"三分"，而是加强了屋顶与墙体部分的视觉效果，即它的大屋顶的持重体量与墙体的明黄色调，塑造了富于戏剧性的视觉体验，难怪很多游人将该建筑联想为《西游记》中令人发趣的土地庙门（图 39）。

拥翠山庄在虎丘二山门内西侧，由清末状元洪钧发起并建于光绪年间，旧为月驾轩故址。这处文人园林面积仅一亩余，系利用山势，自南往北而上，共四层叠升式山地园林。其入口有高墙和长石阶，过前厅抱瓮轩，由后院东北角拾级而上，至问泉亭，由此可俯览二山门和东面景物。西侧倚墙有月驾轩和左右小筑二间，玲珑小巧。循曲磴北上为主厅灵澜精舍，此厅的前面和东侧都有平台，院落布局简齐。经厅西侧门，可继续登山至云岩寺塔下。此园无水，布置建筑、石峰、磴道、花木，曲折有致但依凭地势高下，形成抱瓮轩、问泉亭、月驾轩、灵澜精舍四层叠升格局，这是一连串的建筑与内院的交互递升空间。值得一提的是，如：仅问泉亭院落内又形成三层叠落台地形式，其构思布局之巧妙，对地势高差与磴道转折等细节处理可谓精到考究。并且在拥翠山庄各层的院落平台上，又能借景园外，近观虎丘，远眺狮子山。这是一处实现传统文人"行藏皆宜、达隐兼修"的山地园林佳作（图 40 ～图 44）。

右上图 39：虎丘断梁殿

右中图 40：虎丘拥翠山庄门

右下图 41：虎丘拥翠山庄第一进抱瓮轩

左上图 42：虎丘拥翠山庄问泉亭

左中图 43：虎丘拥翠山庄通往月驾轩的台阶

左下图 44：虎丘拥翠山庄灵澜精舍内南望问泉亭

## （2）纽结的空间体验

瑞士建筑师卒姆托（Peter Zumthor）认为，好的建筑应该接纳和欢迎人们的来访，应该使人们在建筑中体验和生活。他还提出一些质疑："为什么对建筑的基本要素，如：材料、结构、构造、承重和支撑、大地和天空缺乏信心？为什么不能够对成为空间的要素，如：围合空间的墙和其组成材料、凹凸、虚空、光线、空气、气味、接纳性、回声和共鸣给予足够的尊重，并细心对待它们？"建筑学者沈克宁则认为，视觉使人们与周围的事物分离开来，这是那种孤独的旁观者的感官，听觉则创造了一种联系和结合的感受。所谓一种深刻的建筑体验，即能够使所有外在的噪声停止下来，于是一切都归于沉寂。这是由于建筑的体验和经验将注意力集中在人们的真实存在上。建筑与其他艺术一样，使人们领悟到人在本质上的孤独和寂寞性质。同时建筑将人们从目前的状况中分离出来，使得人们经历到缓慢而又真实的时间和传统的流失：

历史上，晨钟暮鼓的禅寺佛颂、笙管洞箫的道观仙音、士子文人的琴诗雅集、民俗节庆的喧嚣闹语、四海游人的游赏云集，这样的梵音、道乐、诗咏、民歌、俗语，在虎丘的寺观、园林、草木、泉石、涧壑的空间中，或古绝，或离尘，或交响，或共鸣：二仙亭下听生公说法、千人石上叹大吴胜壤、风壑云泉藏吴王剑池、五十三参上阶阶见佛、云在茶乡间玉兰山房、西溪环翠处曲水流觞、冷香阁外看梅花三弄、拥翠山庄中秉烛夜话，至今日，仍观日月光影律动，还听山水心曲低吟，更道是红尘滚滚海涌山，千年寂寂虎丘塔，让我们于此时空际会，更看出茂苑文华（图45、图46）。

笔者曾在山顶塔院内浮想翩翩，长久凝视着虎丘塔，产生了强烈的触觉通感。正如沈克宁先生所言，从触觉系统而来的感觉是由包括整个身体而不仅是手的接触而获得的感觉。使用触觉在环境中体验物体实际上就是接触它们。作为一种直觉系统，触觉将分割的各种感觉结合统一起来，从而使人们在身体的内部与外部同时感知。在虎丘塔下，我想起了第二故乡西安的小雁塔，以及当年小学生的我，常常在塔下的仰望。小雁塔是密檐式砖结构佛塔，现存13级，约45m高，与虎丘塔高度相仿；小雁塔的轮廓呈现出秀丽的卷刹，它

左图 45：千人石西北眺虎丘塔

右图 46：虎丘塔

左图 47：虎丘塔底层

右图 48：交错的线形

右页图 49：虎丘塔细部

与虎丘塔一样也是塔身宽度自下而上逐渐递减，塔身上为叠涩挑檐，即塔壁外面层间的出檐都以砖砌叠涩构作，外伸不远。此时，我似乎触手已及到虎丘塔身的砌作装饰，这些按木构的真实尺寸做出的形制粗硕宏伟的斗栱以及砖作门、窗、梁、枋，其尺度规模仍显晚唐至五代的风韵，不禁感到蓦然间，似乎自己触摸到这一块块塔砖所筑成的一种交织空间，这种触觉领域豁然敞开。此刻，感觉体验强化了心理的尺度，使我于刹那间穿越时空，去追寻那些个人化记忆的场所（图47、图48）。

法国哲学家梅洛·庞蒂（Maurice Merleau-Ponty）认为，一部小说、一首诗、一幅画、一支乐曲，都是个体，也就是人们不能区分其中的表达和被表达的东西，其意义只有通过一种直接联系才能被理解，在向四周传播时离不开其时间和空间位置的存在。就是在这个意义上，我们的身体才能与艺术作品作比较。我们的身体是活生生的意义与空间的纽结。山水园林虎丘正为我们从时间中展开空间，从身体感觉到精神知觉，再到空间体验的纽结，从而形成场所精神凝结与流动的空间传播（图49、图50）。

# 结语

沈克宁先生认为，由于建筑将场所精神视觉化，因此，建筑师的任务就是去创造富有空间意义的场所，从而帮助人们定居。在传统社会中，场所与建筑的联系是通过无意识地使用地方材料和地方工艺的方式显现出来的，是通过将景观与历史和神话联系来加以表现的。今日我们必须发现联系场所与构筑的新方式，这是现代生活的建设性转化。

无疑，山水园林虎丘正是锚固于这样的以传统朝向现代的空间节点上的"小宇宙"。香港建筑师李允鉌曾说："回复自然和创造自然是中国园林设计的基本目的和要求，它们包含着'人工的伟大'的含意，但不表达'人工的伟大'的外形。"的确，虎丘正是出自这样的中国美学造化。虎丘的魅力非常依赖其非凡的连续性，在中国山水园林中创造出一处经典的艺术品。

如果将虎丘视为苏州的历史地标，那么，作为具有永久和基本要素的这处场所，放眼于虎丘空间乃至苏州城市空间的历史，我们会发现其空间的秩序不仅是被人为赋予的，更是在历时性地创造过程中自发形成的。同时，我们通过场所精神来理解空间的含义，所获得的这种瞬间感觉和感觉到的空间变化，使我们了解其空间传播并不仅是基于空间本身，也基于个人记忆与集体记忆共时性的存在。

诺伯格·舒尔茨认为，为了理解场所精神，必须理解"意义"和"结构"这两种概念。任何客体的"意义"在于它与其他客体间的关系，换言之，"意义"在于客体所"集结"为何。物之所以为物系因其本身的"集结"使然。"结构"则暗示着一种系统关系所具有的造型特质。因此，结构与意义是同一整体中的观点。两者都是由现象变化中抽离出来的，并不是合乎科学的分类，而是一种对"恒常性"的直接认识，换言之，是由变幻无常的事物中所表现出明显的常态关系。他还认为，人最基本的需求是体验自己的存在是具有意义的。

图 50：卷石白水

而"崇文睿智、开放包容、争先创优、和谐致远"作为官方的苏州城市精神，投射到虎丘这一历史地标，与虎丘的场所精神形成了一种集结，而这种集结也意味着回馈，即由虎丘的场所赋予的说明再辐射回去。由此，虎丘乃至苏州的场所精神应结合城市精神之于空间传播的再探析，并应交由个人化的读取，往复记入虎丘场所。

---

建筑的未来既不依赖建筑师也不能靠规划师，因为建筑形式取之不尽用之不竭的源泉是社会本身。文明总框架的真正改进取决于人类自身能否在价值理念上，在心理结构上，发生一场根本性改变。换句话说，建筑不可能比其母体社会更好，或者更坏。……从一开始人类就将生命置于其自身的生命之上，将其视作一种好奇的、谦逊的、惊讶的混合体，他将未知的称作自己的天命，将不可知的称作自己的目标，因为他认识到人类的真实状态是超越自身的，而且人类的命运并不完全掌握在自己手中。

（刘易斯·芒福德）

第二卷

# 融光

基督教建筑与场所苏州

Volume Two:
Christian Architectures in Suzhou Place

对于人性而言，感性寓于神性，同时，也寓于兽性；理性则是神性与兽性的矛盾交织的产物，它塑造了宗教，衍生了科学；而科学递进发现的生命真相又是对人的感性基础的肯定回应。

# 导言

法国当代媒介学家雷吉斯·德布雷（Regis Debray）说："教堂渐空，博物馆渐满。很多人认为，全球对艺术的膜拜是分崩离析的人性的至高无上的联系纽带。然而，尽管知识是普世的，感官世界却总是地域性的。世界精神本身在措辞上就是一种矛盾；所以，尽管在西方，肯定是金钱已把艺术从预言的死亡中挽救出来，但艺术却不大可能拯救世界。"而基督教建筑作为西方古典信仰与艺术完美结合的人类构筑物，对它们的解读，或许有助于我们面对世界精神的当下。

有关苏州基督教建筑，首先要厘定几个概念：本书所提到的基督教包括天主教、新教和东正教，而涉及的基督教建筑，由于苏州未存有东正教建筑，所以，苏州基督教建筑是与基督教新教和天主教有关的建筑，它们主要包括教堂、医院和学校。

其次，基督教教堂建筑是人类宗教建筑的一部分，其建筑空间与视觉符号传达出教堂是神的居所，是神与人沟通的圣地。教堂也是基督徒献给神的艺术杰作。每个时代的建筑样式都代表了这个时代的精神，因而，教堂建筑的样式是反映每个时代的神学思考和时代精神。本卷梳理了最具代表性的苏州近现代史上遗产类基督教教堂建筑，并对当代苏州的基督教教堂建筑的兴造发展略作考察记录。

再次，基督教医院是近现代史上西方基督教教会在我国兴建的医疗机构，苏州的基督教医院建筑历史遗产仅存博习医院和更生医院。并且，自鸦片战争以后，英美等国通过基督教会曾在我国设立大、中、小学，苏州的基督教学校建筑作为 20 世纪早期至中期的大型西式公共建筑，主要有东吴大学、景海女学等。由于篇幅所限，有关苏州的基督教医院建筑与学校建筑未纳入本卷。

综之，通过对"融光"之美的苏州基督教教堂建筑的概括式研究，旨在面向历史建筑遗产的形态保护、功能保护愈加重视的当代，为迈向国际化大城的苏州，探寻场所精神及其建筑与城市传播，提供一份的建筑学与人类学的考察思考。

# 圣约翰堂

圣约翰堂位于苏州市姑苏区十梓街8号，为苏州市文物保护单位。该教堂始建于清光绪七年（1881年），由美国监理会传教士潘慎文在天赐庄折桂桥建造，当时起名为首堂，拥有400个座位。20世纪初，由于苏州的基督徒人数增加，于是1915年，监理会拆除了首堂，新建了这座占地约640m²，建筑面积1590m²，拥有800个座位的西式教堂。为纪念卫理公会的创始人约翰·卫斯理，首堂改名为圣约翰堂，曾经一度是民国时期苏州的十大建筑之一。圣约翰堂的设计者是美国人约翰·M·慕尔博士（Dr.John.M.Moore）。据称，在美国圣路易斯和日本神户，各有一座教堂，它们也是使用与天赐庄圣约翰堂相同的设计图纸建造的。

圣约翰堂区域曾占地10亩，目前仅剩教堂和一幢小别墅牧师楼。据高雷先生的考察，圣约翰堂平面基本为矩形，似巴西利卡式，墙面的进退变化又可看作是拉丁十字形的一点意味。一层为小型聚会处，二层为大堂，三层为大堂楼座。大堂跨度为19m。屋顶为木桁架，属于当时先进的木结构形式。外墙为青砖清水墙面。西南角有一方形钟楼，最高处距地约18.5m。西入口的门上有欧洲山花雨篷。有关建筑细部特征，正立面与侧立面的圆拱窗在古典处理

上图：精致的拱券窗砌筑细部

中又嵌饰着高直风格的细部。笔者注意到，其中，正立面左上三层的盲式三心拱窗和中上三层的减重式半圆拱窗，钟楼四层的半圆三叶形拱窗，侧立面三层的双尖顶拱式高直拱窗等，饰以简略的英国吉布斯式窗套以及入口门头山花雨篷的建筑线脚，都处理得十分精致，施工质量精良。整体建筑手法带有西方折衷主义风格。

此建筑在"文革"期间损坏严重，1997年教堂室内经过改建，已非原貌，但建筑外观保持了原貌。作为20世纪初美国建筑师的设计作品，其设计理念是力图将欧洲哥特复兴风格的建筑文化在适应迈入现代社会的时代要求下再予简化，向苏州的基督教徒传播西方的古典文明与信仰。现在，圣约翰堂也是苏州市基督教协会和苏州市基督教三自爱国运动委员会的所在地。

遇见 ENCOUNTER

左页图：圣约翰堂透视局部

上图：圣约翰堂正立面

下图：高直尖拱窗

圣约翰堂高直圆拱窗

上图：圣约翰堂钟楼

下图：青砖与窗线脚砌筑细部

上图：钟楼四层的拱券窗砌筑细部

下图：圣约翰堂西入口

上图：二楼门厅

中图：二楼礼拜堂

下左图：首堂的界碑嵌入圣约翰
        堂的墙内

下右图：室内楼梯

右页左图：圣约翰堂南立面局部

右页右图：牧师楼

# 宫巷乐群堂

宫巷乐群堂位于苏州市姑苏区宫巷南段，为苏州市文物保护单位。该教堂原名：乐群社会堂，原属美国监理会。清光绪十七年（1891年），此处始建小礼拜堂一所，后因发展需要，获得差会资助22500美元，苏州同人捐助4000银圆，美国传教士项烈和华人牧师沙定准于1921年改建扩大为乐群社会堂，得名于中国古语"敬业乐群"。乐群堂占地1443m²，包括三幢楼房。

宫巷乐群堂之主楼教堂西临宫巷，据高雷先生的考察，平面为矩形，建筑面积约1700多平方米。西向正立面面阔3间，浅黄色墙面刷浆。正立面入口上方为陡坡山墙，被他称为：其造型酷似北欧陡屋顶的民居山墙。大片圆弧窗与入口上下交接，窗上山墙浮塑红色十字架。左右耸立方形五层塔楼，四坡顶上覆红瓦，最高点距地面约21m。正立面每层辟拱窗，其中顶层两窗，其余各层一窗，侧面仅四、五层有窗。此楼内部高二层，局部三层。其二层大堂可容纳400～500人，两边有办公附房，三层为挑台式后座，可坐100多人，一层有小礼拜堂、前厅、后厅和若干房间，用于小型团契聚会，主楼后面有牧师楼。原有大门两重，1934年宫巷拓宽，门面缩进4.7m，原来的二门成了今日的大门。笔者认为，宫巷乐群堂的左右塔楼、入口两侧及上部的圆弧窗

上图：乐群堂双塔楼局部

窗套线，山墙陡坡屋檐线呈浅灰色，粗细比例处理简略并富于节奏感，与大面积浅黄色的立面墙体形成线块面的简约对比，其主立面明显呈 20 世纪早期欧美现代教堂的建筑风格。

宫巷乐群堂最近一次修复竣工是 2005 年 10 月，坐落于苏州古城中心，紧邻观前商业步行街，对面是玄妙广场商贸中心，自其建成至今始终是观前地区的一处显要地标。

上图：乐群堂正立面

右页上图：北塔楼

右页下图：南塔楼

上图：乐群堂透视

下左图：入口台阶

下中图、下右图：楼梯

右页上图：二楼礼拜堂

右页下图：二楼礼拜堂后座的阳光

上图：从三楼挑台俯瞰礼拜堂

下图：三楼挑台后座的阳光

右页图：圣坛

# 使徒堂

基督教使徒堂位于苏州市姑苏区养育巷 130 号，为苏州市文物保护单位。使徒
堂创建于清同治十一年（1872 年）原为美国中华基督教会（长老会）所属教
堂，本名思杜堂，为追思教堂创始人美籍传教士杜步西夫妇之意。它是苏州
历史上最早的基督教堂之一。杜步西毕业于哥伦比亚神学院，1872 年与妻子
从美国南卡罗来纳州来我国传教，定居苏州。当时中国人饱受鸦片毒害，他
与柏乐文等知名传教士与基督教医疗工作者成立了中国禁烟会，任首任会长。
他在苏州的传教生涯长达 38 年之久，直到 1910 年去世。1925 年，杜步西夫
人在美国募资 3 万美元，并联合华人牧师陈少芝翻建为新教堂，其格局规模
保存至今，1952 年改为今名。教堂内有清宣统二年（1910 年）所立"杜步西
先生纪念碑"。

上图：绿树掩映的使徒堂主楼与牧师楼

结合高雷先生的考察，主体建筑礼拜堂坐东朝西，平面呈矩形，占地 1330m²，建筑面积 1016m²。使徒堂为砖木结构青砖青瓦两层楼房，西南角楼梯间处再向上升起一层为方形钟楼，最高点距地面约 16.2m。底层是会议室、办公室、小礼堂。二层是大礼堂，跨度为 14.5m，可容纳 500 人集会。在礼拜堂旁还建有门房、牧师楼等。礼拜堂建筑立面为青砖清水墙，南立面每开间的圆弧窗间墙处设计有古典扶壁柱。大堂顶部为木桁架，屋顶坡度约 35°，屋面覆方形鱼鳞状的水泥板瓦。大堂内浅黄色木屋架、白色墙面、圆拱窗以及古典烛光式吊灯，营造出简洁朴素、静谧端肃的宗教氛围。建筑南立面有坡道台阶转折通往二层入口，使礼拜堂建筑的形体构成小巧、灵动，富有美国殖民地建筑风格。

使徒堂西立面局部

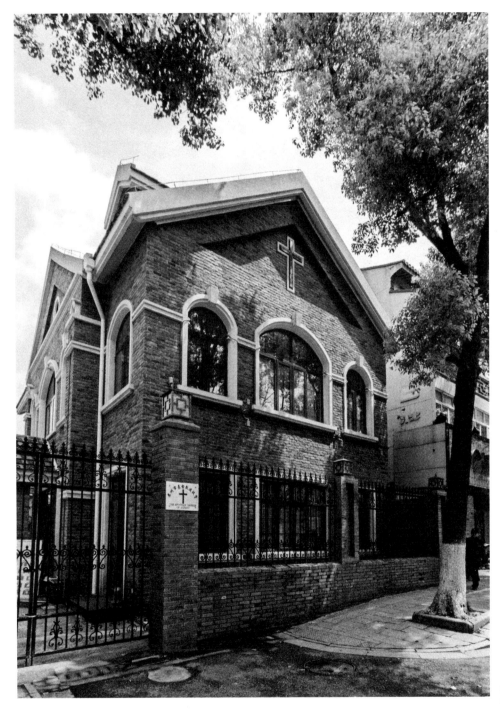

左页上图：钟楼细部

左页下图：教堂山形雨檐与苏式硬山顶白色山墙

上图：牧师楼

上图：东南立面透视

下左图：通往二层的入口台阶

下右图：台阶扶手细部

右页图：南立面局部

左页上图：二层礼拜堂

左页下图：通往二层与三层的楼梯

上图：使徒堂西立面

下图：杜步西纪念碑

# 杨家桥天主堂

杨家桥天主堂位于苏州市姑苏区三香路莲香桥西北,为苏州市文物保护单位。天主教传入苏州大约在晚明时期,至清康熙年间教徒已达 500 余人,乾隆十三年(1748 年)发生苏州教案,由此城区教徒锐减,仅有几处私宅圣堂继续传教。杨家桥天主堂原为教徒殷某的私宅圣堂,毁于太平天国的战火,后为当地渔民集会之所,俗称"网船公所"。光绪十三年(1887 年)法籍神父窦总铎在原有小教堂西购地 12 亩,建造了大教堂一座,名为"七苦圣母堂"。如今的天主堂院内内包括礼拜堂、神父楼、修女楼和其他附属建筑。礼拜堂、神父楼为原构。

结合高雷、张岱旺等学者的考察,主体建筑礼拜堂的平面为中世纪古典拉丁十字式,占地 1012m²。建筑高约 18m,正门东向,西尽端为圣坛,有供圣母的神龛。大堂室内最高处距地面 11m,跨度为 16.6m,中间两排砖砌圆柱跨度为 7m,柱间距为 5.4m。柱间顶部用半圆弧木构架相连,与侧墙的圆弧长窗和东、北、南三面山墙的彩色玻璃窗相呼应,形成浓郁的欧洲古典宗教建筑的情调。然而,两排中柱正上方梁架挂四字横匾,达六幅之多,首排中柱上挂楹联一对,这种宗教传播方式却是我国传统样式。

上图：杨家桥天主堂院门北立面

主入口朝东，该正立面为中国三开间的牌楼，山墙为五山屏风式，上方辟有彩色玻璃玫瑰圆窗，下方列有拱门三座，一大二小。中门额题有"万有真源"，并塑有神像，北门额题有"尚德"，南门额题有"崇真"，其中各塑神像。中门上方的马头墙有"JHS"三个拉丁字母组成的圆形图案标志，墙头顶立十字架，最高点距地面约14m。该建筑横宽三间，纵深七间及其中第四间至第六间的横宽为五间，这些进退变化形成拉丁十字式的建筑平面。笔者认为，其营造上的清水砖墙、小青瓦顶、亮花筒十字脊和垛头墙的处理均为香山帮建筑作法。该建筑的中西合璧特色体现为苏州传统风格的大体外形与欧洲古典手法的细部处理的结合。诸如：堂内列砖砌圆柱，圆柱上部架木构人字梁，支承檩椽屋瓦，南北檐墙为白粉墙，每间辟彩色玻璃拱窗，铺地材料又是本地的青色方砖。

并且，该教堂的牌楼式主入口形式，呈现中西文化双重式神圣的象征意义鲜明，富有创造性。如：清水青砖立面、中式匾额、牌楼式檐角起翘等中式元素与石材巴洛克门柱及拱券雨篷、彩色玻璃玫瑰圆窗、两侧门上的天使塑像等西式元素交相共处。此外，天主堂的院门为巴洛克风格的牌坊式，主要材料使用小青砖和清水方砖砌筑，也令人印象深刻。早在100多年前的那个时代，中西文化的双向交流、寻求融合已经在这座天主堂建筑的营造技艺、构造方式、设计手法和风格样式上典型地显现出来。

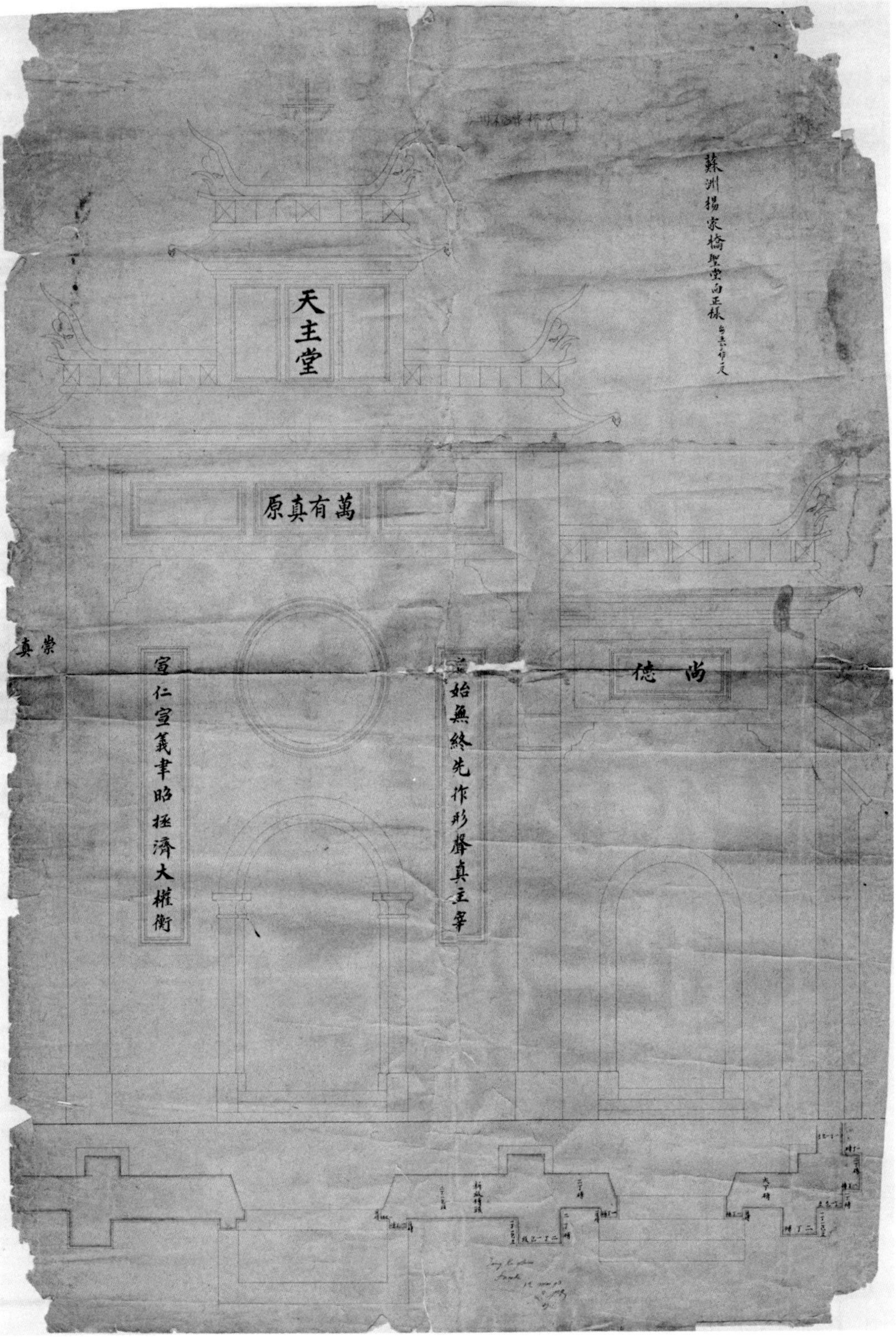

天主堂

萬真有原

崇真

尚德

宣仁宣義聿昭拯濟大權衡

溯始無終先作形醉真主宰

蘇州楊家橋聖堂向正樣

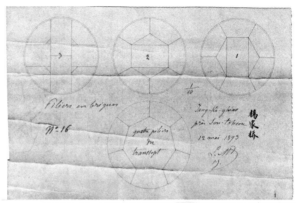

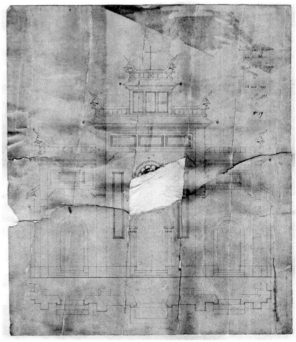

左页图、右页图：杨家桥天主堂 1893 年设计图纸

来源：苏州市城乡建设档案馆。

上图：主堂正立面

下左图：主堂东南立面

下中图：主堂南立面局部

下右图：主堂北立面局部

上图：院内景观

下图：院门南立面

上图：主堂室内

下图：院门南立面细部

右页上图：圆柱与木桁架

右页下图：院门北立面

# 狮山基督堂

狮山基督堂位于苏州市高新区（虎丘区）玉山路，北靠狮子山。它是苏州中心城区第一座完全由我国基督徒自己出资建造，本土建筑师设计的礼拜堂。作为一座国际化的教堂，狮山基督堂配有多语种的同声传译系统，方便了外籍信徒的礼拜。总占地面积为 8207m²，总建筑面积为 4564m²，由主堂和附房组成，建筑总投资为 1900 多万元。2004 年 7 月，丁光训主教和中国基督教协会会长曹圣洁牧师来苏州高新区视察地形地貌，并为筹建中的教堂题名为"狮山堂"。2005 年 6 月奠基开工，2007 年 7 月建成投入使用。黄福音长老及家人为狮山堂的建设作出了巨大贡献。苏州是一个开放的城市，每年约有上万外籍人士来此工作、生活和居住。狮山基督堂成为他们在苏州高新区的一处基督教的礼拜场所。

狮山基督堂平面为欧洲中世纪拉丁十字式，建筑面积 2010m²，为哥特复兴式风格的双钟楼建筑，长 56m，宽 26m，屋面建筑高度为 20.5m，钟楼最高点距地面为 38.7m。内部结构为：主堂一层，局部四层，框架结构，哥特艺术风格装饰，可容纳 1800 人进行礼拜。其哥特复兴式手法，实为对古典哥特式的简略，以正立面为例，如：入口的五层拱套构成的复合拱，没有古典式壁柱承托，直接至门楣交接后呈垂直式门套；入口上方两排壁龛连拱，未有古典式雕塑嵌入，仅为简略处理；上下三层窗饰也作简化处理，通过浅蓝色窗套线脚与

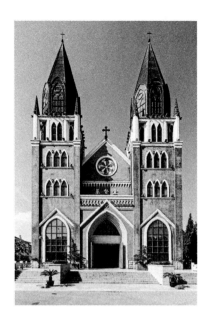

上图：狮山基督堂正立面

清水青砖墙面形成对比；两座钟楼的六边形尖顶造型富于特色，黑色金属尖顶装饰有六面哥特盲式拱窗，并以四座黑色金属小尖塔围合，钟楼层白色墙面六面开窗，为褚红色双尖拱式百叶窗。黑色尖顶、白色钟楼、青砖塔楼与山墙正立面形成了古典又简约的视觉风格。狮山基督堂是建筑师高佐为苏州设计的第一座教堂。

狮山基督堂室内空间装饰为四分拱天花，四条肋筋交接中心的 BOSS 点下，垂悬古典式烛光吊灯，四条斜肋与横肋沿天花南北向间隔展开，中间无脊肋，其分隔的腹板无装饰图案。中殿拱廊柱墩为方柱式，四角饰细圆柱，承托拱柱；边壁拱廊为古典式圆柱，边壁高窗为平圆拱式等，这些都在保留哥特复兴式主体风格的同时简略了繁复的装饰。室内整体色调主要以浅黄色、浅蓝色、中赭色构成，给人一种圣洁、上升、超越的场所空间感受。该教堂室内设计曾获"第六届中国室内设计双年展金奖"，设计师为徐敏。

华丽的廊柱与券拱

上图：东南立面局部透视

下图：西立面入口

右页上图：西南立面透视

右页下图：西南立面

上图：钟楼细部

下图：主堂室内顶面细部

右页图：圣坛上方十字架

从主堂入口望圣坛

从圣坛看主堂入口

# 独墅湖基督堂

独墅湖基督堂坐落于苏州工业园区独墅湖旁，教堂于 2008 年奠基，2010 年
4 月 4 日复活节首次礼拜，5 月 28 日举行献堂典礼。独墅湖基督堂位于苏州
工业园区东南部，东南北三面为白鹭公园环抱，西临碧波粼粼的独墅湖。独
墅湖基督教堂占地约 5000m²，总建筑面积为 5619m²，包括主教堂、钟楼和牧
师楼三部分，总体建筑以广场为分界线，分为南北两侧。北侧为主教堂和钟楼。
主教堂坐北朝南，共三层，南侧为牧师楼。主堂在二层可容纳千人，一层设
有四间小礼堂，每间可容纳 200 余人。总体建筑布局沿独墅湖东岸舒展开来，
北侧建筑与南侧建筑之间通过相连的廊道围合小广场。小广场为台地式，尺
度关系似效仿欧洲古典小型城镇广场，其视觉焦点为耶稣青铜像。独墅湖基
督堂的总体建筑设计手法效法哥特复兴式风格，又在平面布局上自由开阔。

独墅湖基督堂的礼拜堂平面呈典型拉丁十字式，主堂为符合中国文化特色的
南北朝向，主入口朝南。主堂在二层，室内空间采用高直风格，充分体现大
礼拜堂高、直、尖、细的装饰效果。从中殿立柱看，柱墩为半圆柱与半方柱
合抱，柱墩以上部分的半圆柱以壁柱形式分为三段，从下至上分别为凹槽式、
束柱式和半圆式，皆为罗马多立克柱式。屋架为托臂梁式，平面十字式屋顶
中心为居间肋拱顶天花，浮塑玫瑰纹饰藻井。主堂各窗户采用古典画风格设
计，将圣经中的故事用彩色玻璃绘画表现出来。礼拜堂三层是观礼楼，彩色

玻璃上绘制着基督教特色的符号和图案，诠释了基督教的文化元素。礼拜堂一层的四个小礼堂，设计师根据其不同用途，将中国文化、韩国元素和欧美情调融于其中。一层东西两面窗户的彩绘玻璃参照二层的新、旧约故事主题，采用基督教画家何琦博士的作品风格，抽象中带有中国文化特色，力求展现基督教的本土化。该教堂室内设计曾获"第七届中国室内设计双年展金奖"，设计师也是徐敏。

钟楼最高点距地面约 51m，安置有大小各异的 5 口铜钟，参照经典的巴黎圣母院大钟造型所铸，最重的一口超过 1t，其余四口均在 300kg 以上。铜钟正面有中文、英文和希伯来文三种语言，阳雕的经文："他的量带通遍天下，他的语言传到地极"，背面则雕刻着教堂标志。铜钟可以演奏西敏寺乐曲，亦可进行和声报时。矗立在独墅湖的水中十字架是教堂设计的一项创举，高 6.6m，宽 3.15m。而矗立在教堂广场中心的耶稣像为青铜材质，高 6m，重达 3t，安放在 1.8m 高的汉白玉大理石底座上。底座上有中英文对照铭文："非以役人，乃役于人"，此乃基督精神入世之要义。

独墅湖基督堂建筑设计风格独特，室内色彩基调以蓝色、白色为主，建筑外立面以棕黄色砖饰贴面，冷暖色调在空间切换中对比强烈。湖面中的白色十

上图：主堂及钟楼东南立面透视

右页上左图：主堂东立面

右页上右图：主堂东北立面

右页中图：主堂正立面

右页下左图：教堂与水中十字架

右页下右图：主堂入口台阶与廊道

字架与整体建筑形成了点、块、色之间的轻重对比，又与小广场中心的耶稣铜像形成的对应轴线，对整体建筑的布局与构成形成了组织关系，这些以建筑布局、空间层次、环境景观和活动场所达成的有效对话，并以宗教艺术的感染力增强了宗教教义的影响力，凸显出整个教堂的美学价值。独墅湖基督教堂的建成与开放，为苏州工业园区的中外基督徒提供了一处湖滨式宗教圣所，以其塑造高参与度的人与环境之关系，成为当代中国教堂设计的一个力作。独墅湖基督堂是建筑师高佐为苏州设计的第二座教堂。

上图：建筑围合的小广场　下图：牧师楼南立面　右页图：钟楼与拱廊线脚细部

上图：平面十字式拱顶顶棚雕塑

下左图、下右图：主堂的彩色玻璃尖拱窗

右页图：主堂室内

独墅湖基督堂鸟瞰

# 阳澄湖天主堂

阳澄湖天主堂位于苏州工业园区阳澄西湖南岸，占地 12000 余平方米，总建筑面积 4880 余平方米。这里是中国天主教苏州教区的主教公署。2011 年 5 月奠基，2014 年 12 月建成投入使用。这座天主堂也是目前国内高度最高的一座教堂，它的落成标志着苏州工业园区佛教、道教、天主教、基督教等宗教文化项目规划落实到位。

阳澄湖天主堂主堂平面沿用古典拉丁十字式，总体为哥特复兴式建筑风格，主堂设两层，建筑面积 1100m²，可容纳 900 余人。塔堂式结构，双层坡屋顶，使主堂室内挑高恢宏。主堂正上方的主塔高 80m，体量较大，尖顶直刺天穹，尖顶底边为八边形，四面各有八扇三角形拱高直窗，白色窗套线脚较宽，在视觉上协调了主塔尖顶大体量的深灰色量感，使天主教建筑的意味得以呈现。正立面的一对辅塔各高 60m，双辅塔正面宽与山墙主入口正间宽相仿，双辅塔的四角交接处有角扶壁，其上一二层腰线处装饰三角形拱盲窗。侧立面上下两排尖顶拱高直窗间隔的扶壁上也都有深灰色人字形装饰线脚，这些三角形、人字形与主堂的双层坡屋顶的造型语汇关系密切，富于节奏感。双辅塔三层的尖顶拱高直双窗被小尺度扶壁间隔，这些白色扶壁与深灰色高直窗、盲式高直窗的凸与凹，丰富了立面与光影层次，其处理手法简而不粗，正立面主入口上方壁龛连拱与双辅塔上中下三排壁龛连拱也做简略处理，这些都

上图：阳澄湖天主堂远眺

是在对古典的继承中又能体现当代哥特复兴的设计理念。这一理念还包括将建筑的外立面融入粉墙黛瓦的典型江南建筑色彩元素，力图使天主教与苏州本土展开对话与融合。

阳澄湖天主堂内饰采用哥特式与罗马式折衷风格，中殿两侧柱墩为罗马束柱式，承托线脚繁复的等边拱，与侧廊的壁柱间以平圆拱连接。连拱廊、边壁拱廊和高窗构成经典的中殿两侧立面，顶面装饰为四分拱天花，间隔横肋，肋筋皆为明黄色。十字平面中心穹顶直径达 11m，装饰天主教彩绘，与圣坛屏后上方的玫瑰花窗、一层侧立面的彩色玻璃拱窗形成了呼应。室内色彩由白色、浅黄色、明黄色、浅褐色和局部蓝色构成，呈现富丽堂皇又不失庄重的视觉效果，并与建筑外立面的冷色调视觉形成了鲜明的对比。天主堂还设有修道院式附楼，有双层廊道与主堂联通，这里设有主教公署办公区、培训室、图书室等。阳澄湖天主堂是建筑师高佐为苏州设计的第三座教堂。

上图：立面全景

下图：台阶

右页下图：台阶与雕塑

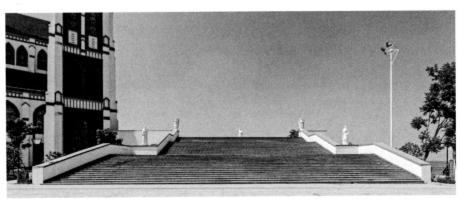

上图：教堂倒影

上图：主堂正立面

上图：入口门楣

下图：远眺天主堂

右页上图：天使雕塑

右页下图：侧立面局

左页、右页图：天主堂室内

阳澄湖天主堂鸟瞰

# 相城基督堂

相城基督堂座位于苏州市相城区阳澄湖西路的三角咀湿地公园，建筑面积约5300m$^2$，坡屋顶檐口高度 14.7m，坡顶高度 31.9m，由一个主堂，四个附堂及相关附房构成，能容纳 1200 人同时礼拜活动。教堂建筑设计采用现代极简主义风格，主体建筑形态构成上似取法养育巷使徒堂的形式母题，通过几何体块的扭转、堆叠，屋面的洗练斜切，高耸收分的塔楼与陡坡屋顶主堂的对照，象征使徒（基督徒）力图呈现当代苏州的精神图景，并将教堂、公园、水面交映相融。在以人文本的现代社会，基督教堂的礼拜仪式已转变为以信徒为中心，"静"与"净"成为这一建筑空间要表达的主旨，亦可见其设计手法受柯布西耶、安藤忠雄等大师的影响。于是，自然光对室内空间的洗礼是以光与影的对话，与仅有的白色、黑色与枫木本色一同构成了极简主义之美。主堂位于三层挑高到四层的大空间，以空间与功能的多重叠加，将宗教的神圣与纯洁通过白墙、白色铝板格栅与亚克力灯具组成的坡面屋顶延伸到立面墙体，展现为一种韵律之光、天堂之光并与现代文明之光的叠合，置身其间，令人仿佛有一种灵魂升华的感觉。相城基督堂由本土建筑师张应鹏设计。

上图：相城基督堂立面透视

本卷收录的基督教教堂建筑分为历史遗产建筑和当代建筑。前者主要有圣约翰堂、宫巷乐群堂、养育巷使徒堂、杨家桥天主堂，后者主要为狮山基督堂、独墅湖基督堂、阳澄湖天主堂和相城基督堂。对这些建筑的考察显示，前者的风格主要是折衷主义向早期现代风格的过渡或中西合璧式，而后者的风格主要为哥特复兴式和现代极简主义。若聚焦于苏州的基督教教堂建筑史，我们会发现，"融光"之美的教堂建筑风格流变并未遵循从古典至现代的所谓线性渐进式的西方基督教教堂建筑演变脉络，具体体现在自 2005 年至 2014 年这十年间，苏州新建的三座教堂，其设计风格皆为哥特复兴式，这一风格样式甚至早于那四座历史遗产教堂的风格样式。那么，为什么当代苏州人会有这样的选择和兴造呢？笔者将把这一问题留待"第五卷：场所复兴"中展开探析。

上图：相城基督堂鸟瞰

下图：主入口门廊

右页图：主入口

主入口门厅俯瞰

室内廊道 1

礼拝堂

上图：室内廊道 2

上图：室内廊道 3

上图：礼拜堂室内顶面

下图：室内空间

右页下图：室内廊道 4

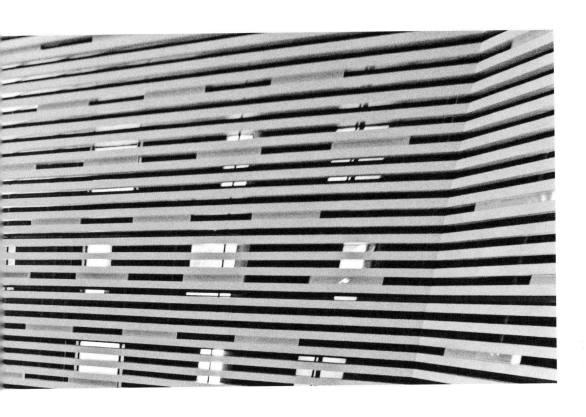

# 建筑人类学视线

建筑文化中的儒教垂直压力结构与基督教平面张力结构

基于第一卷和第二卷的考察解读，有关建筑文化中的人类学观察，笔者认为，有必要将儒（儒教）、佛、道思想对应基督精神进行了一点比较探讨，以期嵌入一个儒释道对话基督精神的主流框架。诚然，笔者也意识到这一论域过于庞大艰深，自明末传教士利玛窦与名士徐光启、李之藻等人，到晚清民国时期的西方传教士、中国基督教神学家以及宗教哲学学者如：林乐知、王韬、苏慧廉、赵紫宸、吴耀宗、谢扶雅、吴雷川、熊十力、梁漱溟、冯友兰、贺麟等，直至当代学者赵敦华、刘小枫、卓新平、杨慧林、袁伟时、朱大可、李天纲、魏明德等，新儒学学者牟宗三、徐复观、杜维明、安乐哲、汪晖等，他们都曾就基督精神与儒释道的关系，中国传统文化的现代化等课题有过深入广泛的研究。这些鸿学硕儒的浩瀚理论正等待着我们去摘取吉光片羽，寻找启迪。

先从儒教视线看，袁伟时先生指出，自 2500 多年前孔子创立儒家学派至公元前 134 年（汉武帝元光元年）董仲舒系统地提出了"天人感应"、"大一统"学说和"罢黜百家，表彰六经"的主张，儒学被尊为国教，其间的 300 多年里，早期的儒学一直是活泼质朴率真，充满"天行健，君子以自强不息"的精神。而自汉武帝、董仲舒使儒学转制为儒教，再至宋代"存天理，灭人欲"

的儒教纲常固化，最后至晚清儒教之腐朽，在内忧外患中使中国社会几近崩溃。当代新儒家所倡导的就是剔除儒教的痼疾，梳理还原早期儒学的精神价值，并论证新儒学的现代性价值与使命。

袁伟时先生进一步认为，承袭儒教宗法专制制度的大清帝国没有靠自己内生的力量转型为现代国家，自第一次鸦片战争至八国联军入京，这 60 年时间里，清廷甚至一直还在为是否该接受人类创造的先进文化而争论不休。尽管辛亥革命后，末代清帝被迫退位，似乎宣告了儒教大一统的中华帝国退出了历史舞台，然而，儒教对中国人的思想禁锢，及以儒教文化体系建构的传统社会制度是中国当时无法顺利迈入现代化的主要障碍。代表当时主流文化的朝野人士主要坚持如下三项：其一，中国是天朝上国，只准以华变夷，不准以夷变华。这是儒教坚持的天经地义，核心价值；其二，在儒教三纲六纪固化为制度后，中国人都成为等级差序格局下的臣民、子民，任何超出圣人和经典教导的行动都是不容许的；其三，皇帝是至高无上的"圣上"，集全部统治权力于一身。只要他高兴，可以随时砍掉任何大臣的脑袋，死后也可以挖出来鞭尸。有些年代，他分给臣下较大权力，但这是随时可以收回的，而且分享者同样是大大小小的专制者，百姓没有相应得到更大的自由。

仅就其第二项而言，儒教这种三纲六纪固化制度下中国社会的等级差序格局，即构成了笔者认为的儒教垂直压力结构，通过"王统、道统、族统"的中介——士绅作为节点，将压力从皇帝宝座下传递到亿万子民的额头前、膝盖下。因此有可能的反作用力也就体现为周期性地自下而上的揭竿造反，其结果都是以新朝皇帝的上位来重塑不平等秩序的垂直压力体系。皇帝、官员、士绅（族长）、家长（父亲）、儿子（妇女）这一人伦等级垂直线体现为：以上对下为正，以下对上为反；不平等秩序为正义的，下等者的伸张为负义的。维系这种根深蒂固的对世俗世界终极权力（皇权的）的最高信仰及其导致的差序人格（不平等人格），儒教的贡献可谓居功甚伟。

这一垂直压力结构也导致了以儒教为主体的中国传统文化自我更新能力的薄弱。结合袁伟时的观点，尤其是在儒教形成后，一直以灌输信条为特征，对异端缺乏宽容大度，甚至认为异端就是邪说。它与权力结合后，更不准他人议论，"非圣无法"，罪不容诛！并且儒教定位为教化子民的工具，匡扶圣主的拐杖，汉代以后就极少有激烈的辩论了。后果是形式逻辑不发达，怀疑和自由精神不足，儒生们以皓首穷经为荣，斫断了儒学内生的自我更新能力。并且他们以熟读儒家经典作为主要上升通道，导致知识阶层视野狭窄，创新能力严重不足。甚至，历代勉励儒生与民众"吃得苦中苦，方为人上人"的所谓至理格言，时至今日中国，尚有大批的拥趸者，亦可见这一垂直压力体系所催生的是一种怎样的人生动力？

相对于儒教垂直压力结构而言，基督教则体现为一种平面张力结构。它所表达的人格平等与行柔弱之力，使神性与人形成水乳交融。水乳的物理空间性质总是趋于平面化，道家所谓上善若水，大患吾身，在基督精神中正如水平面一般自然形成平面张力结构。基督教发展至今日世界，成为传布地域最广、信众最多的人类主流宗教，亦可见其平面张力结构的作用。在这两种结构的比较中，自命上天之子的中国皇帝和自称上帝之子的耶稣，也是一个值得深入对比探讨的方向。

上左图：苏州古城区局部鸟瞰

上右图：相城基督堂鸟瞰

于是，从中西方传统建筑的视角探析，似乎可见，在人类学和建筑学上恰恰形成了这两种结构的互逆反成。即儒教人类学以垂直压力结构所建构的中国传统建筑形制，是呈平面结构布局的，即单体建筑在构造与形式上既无大变化，也不求向高度发展，各单体建筑与庭院之间通过中轴对称或可变的组合关系，来达成符合儒教礼制的空间结构和空间秩序；而基督教人类学却是以水平张力结构所建构的西方传统建筑形制，是呈立体垂直结构布局的，即单体建筑的立面和空间构造复杂多变，基督教堂即是力求向高度发展的实例。欧洲古典城镇大多是以教堂为视觉高点地标来组合各单体建筑、街道与广场的空间关系，以达成符合基督教社会的空间结构和空间秩序。

通过对这两种结构作用于中西建筑的比较观察，或许能为建筑人类学开启一个视线。

遇见 ENCOUNTER

# 哲学人类学视线

### 建筑文化中的佛、道思想与基督精神比较探微

再因建筑文化来展开中国佛、道思想与基督精神比较，先探微一下海内外宗教界及学界人士的有关研究观点：

晚清民国时期传教士苏慧廉（William Edward Soothill）认为，在西方，天主教、基督教新教、东正教可视为三个独立的宗教，它们有各自独立的信仰群体，彼此互不统领。但在中国，儒道释三教与其说是各自独立，不如说是互相补充更为妥当。三教就似三种不同的药，中国人会按生活上的不同需要，寻求不同的宗教协助。中国人很少会皈依单一信仰传统，而是同时信奉儒道释三教。他指出，儒教代表今生、公义、正直以及国家；道教代表超自然、对自然力量的探索、不朽、个人主义；佛教则代表怜悯、冥想、生命轮回等。他还认为，大乘佛教的轮回思想一方面将恶与地狱的观念带入中国宗教，响应了人按天道生活的必须性；另一方面，轮回思想亦有肯定了人有获得救赎的可能，并因此提升了人的道德情操。同时，也肯定了一种外在于人的拯救力量，因此救赎也能凭信而达成。这些方面似乎与基督精神有相通之处。

当代佛教大师星云认为，晚清民国时期的中国佛教革命领袖太虚看到过去的几百年来，中国佛教经历了重大的衰败，主因是过度强调丧葬仪轨及超度亡灵的功德佛事，因此，唤醒人们重视人生的福慧双修求证悟。受此启发，星云大师提出"人间佛教"运动，提倡将人们的注意力由过度重视他方与来生，转向现世人间；提醒人们佛陀乔达摩既非精灵，也不是神明，而是一个出生于人间、修行在人间、证悟在人间的人。所以，他鼓励佛教徒依循佛陀的足迹，也就是依中道而行，既不过分耽于感官享乐，也不死守严厉苦行。从净土在彼岸的观念转为净土在人间的观念，并作为一个主要的意象激励佛教徒参与社会实践，将"人间佛教"作为一个义理，去支持在社会实践与灵性修持之间的平衡。从这个方向上看，"人间佛教"与基督精神也产生了当代共鸣。

日本佛教学者阿部正雄（Abe Masao）认为，佛教谈论智慧，而非正义。佛教中相匹配的观念不是爱和正义，而是爱和智慧。因此，当我们将佛教的缘起和慈悲观念运用到社会层面时，要很谨慎，因为这可能服务于掩盖社会层面的不平等和不公正。在社会层面，要解决不平等和不公正的问题，就需要有正义的观念。

学者刘小枫在解读《红楼梦》时发现，曹雪芹以"情性"取代儒释道的德性、佛性和真性，堪称中国精神史上的重要事件。其情性是基于道家的根本虚无和佛家的绝对大空，因为作者意识到摆脱世界的恶的纠缠根本不可能，即便是置身于一个世外桃源式的日常世界—大观园。这就是作者要用石头为日常世界"补情"的根本原因，这种"补情"就是红楼的一场大梦。我们看到，曹雪芹因没有别的精神资源，只得在庄禅精神的前提下来确立"情"的地位。在将《红楼梦》与陀思妥耶夫斯基的著作对比中，刘小枫提炼出逍遥与拯救的两大生命主题关系。即当人感到身处的世界与自己离异时，有两条道路可能让人在肯定价值真实的前提下，重新聚合分离了的世界：一条是审美之路，它将有限的生命领入一个在沉醉中歌唱的世界，仿佛有限的生存虽然悲戚，却是迷人且令人沉溺的；另一条是救赎之路，这条道路的终极是：人、世界和历史的欠然在爱中得到救护。于是，审美的方式在感性个体的形式中承负生命的欠然，救赎的方式在神性的恩典形式中领承欠然的生命。

因此，笔者同意刘小枫先生的观点："恶是生命世界的事实，生命力的发展不可能脱离恶。庄子在畏惧历史时间中的恶，于是想扭转生命力的方向，返回原生命。历史上佛教和道家的结合发展出禅宗这一中国文化的重大精神事件，使得禅宗本质上是去宗教化的，以此达成了一个返回原生命的极简主义形式"，它同道教一起为中国人提供了"去社会化"的理由。尽管同样面对恶与苦难之本，基督精神中，尤其是新教伦理在改善社会方面始终不失通过救赎来实践"入社会化"。事实上，刘小枫指出：佛教和道家也非常重视个人的不幸处境。关键在于，如何对待这种处境。佛教和道家都采取了从存在论上取消生存本身的方式来解决不幸。尽可能地减少生存以避免不幸。并且，城市思想家、人文主义巨匠刘易斯·芒福德（Lewis Mumford）也曾透辟地认为："恶是生命中永远存在的要素这个事实并不意味着一个人必须要顺从它，但是它意味着，如果一个人想要更加充分地利用它，就必须要承认它，而且最重要的是必须为它感到懊悔，要有正式的懊悔感去改变自己的态度并且拒绝恶。"

另一方面，我们也应看到，道教发源于道家思想、古老方术，中国道教协会会长李光富提出了"道"的几大特点："道法自然（万事万物都要遵循自然规律和内在法则）、神仙信仰（拥有超越有形世界规则的神通，代天宣化）、性命养生（性命双修，形神兼养）、天人合一（人心诚敬可感格天心）"。这也显现了一种追求世界和平，重视人与自然和谐，关注人类生命健康，以生化万物的大道为最高理念的人类信仰。

在哲学人类学语境中，笔者认为：

如果说宇宙是物质、暗物质、暗能量的时空，上帝是精神的时空，那么，正如物质、暗物质、暗能量与精神的时空生成生命，生命精神生成情理；正如生命就是宇宙与精神的纽带，情理也是精神与生命乃至自然的纽带，可以这么说，中国文化把精神自然化（精神与自然一体化），西方文化把生命精神化（生命与精神一体化）。前者的自然包含生命，以生生不息规避死亡，精神并未超越自然而是与之合一，以此指向"道"；后者的生命直面死亡，生成超越自然的精神，而精神又启示生命并与之合一，以此指向"上帝"。两者之间存在生成新的可能性：

"道"的人格化—上帝，使精神超越自然，将天人关系以情入手；上帝的自然化—"道"，使精神回归自然（如果这有必要的话），将天人关系以理入手。西方人的天人关系首义是情，世俗关系首义是理，使制度以神性原则规范人性为契约，以此回应"唯一真"；中国人的天人关系首义是理，世俗关系首义是情，使制度以理性原则规矩人情为中道，以此调适"情理结构"。人类现代文明的一项重要共识是契约生成权利、义务，而非权力决定契约，人情决定信义。与此同时，信义与契约也体现为一种"情理结构"。因此，"唯一真"与"情理结构"的融合，也应是探索人类命运共同体的一项重要命题。

之所以这么说，是因为从某个视角，人的精神与生命乃至自然的结构关系体现在：

就人性而言，感性寓于神性，同时，也寓于兽性；理性则是神性与兽性的矛盾交织的产物，它塑造了宗教，衍生了科学；而科学递进发现的生命真相又是对人的感性基础的肯定回应。这或许有助于我们理解有关马克思·舍勒

（Max Scheler）哲学人类学的关键命题："人之身位既非纯粹的精神，亦非纯粹的本能冲动，而是动姿性的生成：所谓精神之生命本能冲动化与本能冲动的精神化"。

老子的"道"是非常道，初步、进步、逐步接着是退步，以退为进。并且，"道法自然"就是道法自然而然，亦即：道以自身为原则，自由不受约束。而最初的历史进步观来自犹太先知以赛亚提出的忏悔意识，上帝会为此允诺和平。乃至人类的"现代性"是线性的进步观，但会导致人对自然的过度征服。"道"的以退为进，赋予自身自由，是一种智慧，却也会使进与退互为目的，以此指向一种人性的自洽。而人是不完整的动物，难以在根本上自洽。正因为人类历史轨迹不一定呈线性的进步，所以线性进步观才成为必要。于是，将人与自然的和谐观作为一项关键性补充，正是对人类进步观的丰富与发展，这是一种使命。智慧不一定会生成使命，但使命一定会启迪智慧。两者携手同行，朝向人类命运的共同未来。

建筑文化就是人类对场所、对家园、对存在空间的一种诉求、回归与意义追寻，场所精神因此交映，因此筑就。

---

如果人类超越了其动物的命运，那是因为他使用了梦想和词语开辟了一片新领地，这是他徒步无法达到的，……这个领域是属于宗教的，超越了知识和确定性，最终的神话本身为其增添了一种新的维度。……有意识的生命的最终回报就是对神秘的一种感觉，而这种感觉又被包含在神秘当中。

（刘易斯·芒福德）

第三卷

# 融界

当代建筑与场所苏州

Volume Three:
Contemporary Architectures in Suzhou Place

人实现自由的目的是为了创造，人的创造活动的结果是为了自由。自由与

创造互为目的，两者携手同行于自我更新、自我超越的人生之旅。

# 导言

20 世纪 80 年代西方建筑界出现了"批判的地域主义"理论，探索融合普适文明与地域文化的建筑发展之路。卢永毅先生在关于"批判的地域主义"的思考中指出：早在 20 世纪 20 年代美国城市建筑学家刘易斯·芒福德就在名著《枝条与石头：美国的建筑与文明》与《技术与文明》中重构并系统地反思地域主义，并敏锐地觉察到当时技术至上的"国际主义"以及济利益驱动的房地产业机械复制对地域特征的威胁。然而，与以往的浪漫地域主义、商业地域主义和沙文主义的地域主义都不同，刘易斯·芒福德的地域观念不再采用同全球化对立的姿态，而是主张积极地消除之间的对立，并认为，每个地域文化都有其普遍性的一面，因此对某一地区而言，接受来自其他各地的影响并借助外来力量可以更有效地运用本地资源，继而形成开放的文化系统。可以说，刘易斯·芒福德的地域主义思想是浪漫和民主的多元文化主义，其思想是开放的，是与"普遍性"和"全球化"不可分的。因而，无论是对于"批判的地域主义"理论还是对场所苏州的当代建筑实践，都深具启示价值和时代意义。

本卷收录的苏州庭园、圆融时代广场和东方之门，就是在人类迈向文明一体化的当下，作为地域建筑是否要回应全球化？作为国际现代主义建筑如何面对消费主义全球化？作为"批判的地域主义"建筑如何在全球化中重塑"地方性"？进而塑造一种"全球在地"的建筑与城市意象，以此展开有关建筑与城市传播的观察与思考。

# 苏州庭园

## 巷弄场所的新地域主义

巷弄：建立人的交往空间；

园林内省的空间；

苏州旧有城市肌理；

地块临近北寺塔应给予足够关注；

水巷；

……

这是建筑师林松在十多年前设计"苏州庭园"住宅区项目时，对苏州的古城印象和建筑追求，所提炼的几款关键词句。

可以说，"苏州庭园"在苏州城市更新的历程中，是一个较为成功的案例，它以一种笔者且称为"新地域主义"的风格植入苏州古城肌理，但这一风格既不同于先于它出现的，如：桐芳巷小区、佳安别院、双塔小区这样的地域主义建筑的早期风格，也不同于迟于它陆续建成的多个大型中式别墅住区，如：拙政别墅、华润平门府、桃坞别院、桃坞雅苑这样的地域主义建筑的后期风格。实质上，早期与后期的地域主义可以视同一个连贯的源自苏州传统建筑母题的建筑风格，亦即：建筑的"复古情怀"。

上图：苏州庭园效果图

右页上图：苏州庭园实景

右页下图：苏州庭园比联式（2户）实景

于此，有必要先厘清几个概念：所谓苏州地域建筑（或称苏式建筑），实质上就是苏州传统建筑的代称，它包括传统木结构的住宅、园林、寺庙和衙署等建筑类型。而苏州地域主义建筑主要是指兴起于20世纪90年代的苏州古城区，因城市更新而设计建成的住宅区和商业街。它与苏州地域建筑（苏式建筑）的主要区别是构造上改为现代结构、材料与功能布局，在建筑外观上保留了一些仿传统的表皮和视觉特征。这一地域主义已是城市更新地块上融入苏州古城肌理的主流风格，本无可非议，但毕竟在这20多年来趋于固化，略失时代性的演进，尽管它的保守性似乎可以少出错。

而"苏州庭园"却是苏州地域主义在中期的产物，与早期和后期的地域主义"复古情怀"不同，它有点卓尔不群，并以追求"巷弄场所、庭园精神"的一种新地域主义，展开与时代的对话。

左页、右页图：夕照的墙

# 1. 城市学思考研究

城市社区应提倡步行交通，汽车停入地下，增加人与人交往的尺度；1m：分辨气味；7m内：耳朵非常灵敏，交流无碍；20～25m：看清人的表情和心绪；30m：可分辨人的面部特征、发型和年纪；70～100m：确认人的性别、大概年龄和人的行为；100m：社会型区域，汽车停放得离家门越远，这一区域就会有越多的活动产生，因为慢速交通意味富于活力的城市。把汽车停放在城市外围或居住区边缘，然后在邻里单位中步行50～100～150m到家，这一原则在近年的欧洲住宅新区中越来越常见。这是一种积极的发展，它使得地区性的交通再次与其他户外活动综合起来……

"苏州庭园"项目地块地处苏州古城区中轴北端，西临北塔寺，东望拙政园。该地块所处的区域内还有苏州工艺美术博物馆、贝聿铭先生设计的苏州博物馆新馆以及多处文物及控制保护建筑。这里人文气息非常浓郁，又是旅游景点集中的区域，占尽地利、人和。随着近些年苏州古城区城市更新的推进，古城区少有成片大规模的土地可供开发，而"苏州庭园"项目地块面积却达200亩，原为国营苏州光明丝织厂，系工业用地转住宅用地。

苏州市规划设计研究院对该地块的规划也曾提出种种设想，如：规划的核心问题是传统形态与现代生活的融合，规划的最终目标是分解的地块能达到时空的统一。

（1）道路交通疏导规划道路网络布局：维护苏州古城道路的街—巷—弄的格局；

（2）地下空间利用规划主题：有效提高建筑利用率；

（3）传统文脉保护规划，传统民居群落的保护：规划要求整体上保持街巷空间格局、尺度、保持传统民居的原貌和色彩；

上图：苏州庭园东区入口

中左图：入户石桥与塔影

中右图：古树

下图：苏州庭园的外墙

（4）传统风物的保护：区内有众多的古树、古井、古桥梁、照壁以及两段古城墙遗址和一座"知恩报恩牌坊"，规划通过挂牌、立碑、围栏、开辟绿地等多种手段予以全面保护。

建筑师在以上思考研究基础上，遵循规划指导思想，针对以往国内园林型房地产案例进行分析比照，总结出它们存在的一些不足：

（1）大园林串接单体建筑的思路，适合于远郊，放在城区内易产生对城市肌理的破坏。

（2）以道路肢解地块，使建筑过于孤立，不易形成交往空间。

（3）以大院落 20m × 20m 围合成空间，尺度上失控。

（4）建筑单体以西式集中式为主，剩下部分设置园林，园林成为把玩的空间，建筑与园林结合略显生硬。

（5）建筑呈排屋状分布，以缺少交往，位于城区中，价格高，不可能原拆原建，使原有社会网络衰失。

由此，建筑师希望以设计来弥补以上不足，重塑人文关怀，建立交往与内省的空间场所，创造富于城市活力，重塑具有场所精神的空间。

## 2. 追求苏州古街巷的空间格局，传统形态结合庭园精神的更新苏式

传统建筑外部形态包括进深肌理、空间尺度、建筑形制、装饰构件、材质色彩以及其他传统元素。其中纵深形态的进落肌理是传统建筑群落的最基本特征。而在传统街巷尺度研究中，建筑师认为："街—巷—弄"的格局是苏州古城传统街巷的场所特色。街主要体现街道的交通性，巷和弄则更倾向于生

遇见
ENCOUNTER

上图：巷弄交往

活性。通过对古城多个传统街坊巷弄关系的调查后，他发现：巷多为东西向，弄多为南北向；巷的宽度多为 6m 左右，弄则以 3 ~ 4m 为主；巷较为通畅，弄较为曲折。由于消防要求低层建筑间距不应小于 6m，因此，弄的延续受到一定程度的制约。以"巷—弄—巷"的形式，由巷承担消防主通道的职能，由弄承担消防次通道的职能等。

于是，"苏州庭园"项目的规划设计着力把握了以上巷弄场所的特点，其设计的弄一般宽只有 2m，窄而深，打开一户小门就是一片大的宅院，而走到尽头又会峰回路转。这种暗合苏州园林的"隐逸"，得自苏州古典园林美学的所谓"隐于城市山林"。因为，历史上的造园者大多为归隐官员，他们在官场上沉浮越久，知道不可太显山露水，惟明哲保身、功成身退，甚至功不成，也可以先身退。以这样的立命为本，影响至现代的苏州民间，苏州人也基本上承袭了这种气质，轻易不露富。

巷、弄的设置作为场所，同时又具备了交往的功能，因为现代人的生活又需要邻里沟通交往，而不少现代建筑恰恰抹杀了人们交往的空间，因此，该项目在巷弄的交汇处又安排了一些公共的活动空间。这些交往性场所的营造体现为：

其一，该项目集中的地下车库的安排。因为窄而深的巷弄汽车无法出入，即使可以出入又会人车混杂带来很大不便。安排从地下车库回到家的步行系统，而非直接从地下车库入户。这样的安排，一是业主能够体验回家的感觉，二是可以提供邻里交流交往的机会。

其二，在"苏州庭园"，巷、弄结合的布局又不是封闭的，该项目从地块中间辟出一条庭园路，将整个项目划分为东西两区，使每条步行的巷弄都不是很长，而且能与外界的街道保持紧密的联系，其他的巷弄端口也同样使封闭的系统与开放的街道有机联系在一起，使隐逸和交往的场所需求能够与城市巷弄和谐并存。

上左图：巷

上右图：弄

下左图、下右图：弄

其三，"苏州庭园"以东西为巷，南北为弄，重现了苏州古城风貌的空间肌理，两条一纵一横的水陆并行的街道形成对苏州古城双棋盘格局的隐喻。住宅区内以北寺塔为端景建立联系，整体上形成绿化丰盈、入口开敞、塔影西斜、寻影而归、过巷穿弄、入门庭、进院落的苏州古城空间意境。

而与苏州古典园林相比较，庭园一般是以小尺度与民居建筑相合，可称为大型古典园林的雏形与基础。庭园曾在中国古代城市建筑中占有重要地位，亦构成当代城市直接的景观资源，有着其别具一格的美学精神价值。陈从周先生曾提到，唐人张沁寄人诗："别梦依依到谢家，小廊回合曲阑斜；多情只有春庭月，犹为离人照落花。"这就是写庭园建筑之美，回合曲廊，高下阑干，掩映于花木之间，宛若现于眼前。而这一"斜"字又与下句"春庭月"相呼应。不但写出实物之美，而更点出光影之变幻。就描绘建筑而言，也是妙笔。陈从周先生认为，他所集的宋词："庭户无人月上阶，满地阑干影。"与张沁的诗句自有轩轾，一显一隐，一蕴藉一率直，足见庭园美学之意趣。而在市井繁华、用地紧凑的城市巷弄之间，庭园建筑不仅提供了在闹市中知识阶层所迫切需要的幻想空间，并且有利于住在其间的各阶层居民的交往，使人际和谐的优秀传统文化，在庭园建筑上得到体现。

由此，"内省、隐逸、交往"成为城市巷弄场所中，庭园精神的新地域主义表达。

上图：塔影小弄

上图：小弄夕照

下左图：建筑转角

下中图：漏窗

下右图：地面铺装细部

上图：小弄夕照

下左图：巷

下中图：檐口、窗口、
　　　　垛头的构成

下右图：转角墙漏窗

上左图：月洞门入口

上右图：石库门入口

"苏州庭园"的住居建筑采用多进式院落住宅布局，它取法"面阔窄，进深长"的苏式建筑多进式院落住宅的传统形制，并使之适合现代使用功能，实现了一种赋予庭园精神的住居设计创新。住居模式与类型分为：比联式（2户）—邻里关系的重塑；院落组合式（6户）—交往的层次性；独院式—微型园林与传统空间的探讨（小中见大、步移景异）；园林式（独户）—豪宅的诠释、择邻而居、独有的景观资源、现代生活的引入。在建筑形制、装饰构件上，通过对苏州地域建筑类型上的取法，结合新地域主义建筑的功能、构造，包括在细部处理上，层次错落的硬山坡屋顶、民间低调的甘蔗式正脊、极简朴素的飞砖式垛头、现代构成的立面开窗、江南韵味的新材料筒瓦及色彩协调等，这些都为民间形制重寻了一丝贵气。而这种气质与古典园林的空间手法结合，也体现在建筑与内庭院及外部巷弄、庭园的关系处理上，建筑师又像旧时的园主人，运用现代建筑学的黑、白空间理论，在这里以书画的章法布局"计白当黑"，将室内空间的"黑"与庭院、庭园、巷弄空间的"余白"彼此衬托、相互因借，造就了不同声色、尺度的空间氛围，在有限的空间范围内，追求塔影斜阳下的"庭院深深深几许"的庭园意境。

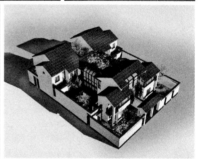

上左图、上右图：住宅入口

中左图：比联式；中右图：巷

效果图：上左：独院式；上右：比联式

下图：院落组合式（6户）

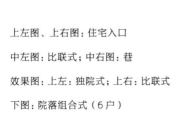

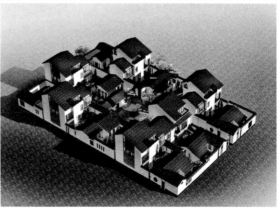

遇见
ENCOUNTER

213

## 结语

"苏州庭园"的宅院建筑与景观设计，体现了江南民居和苏州庭园建筑的场所特色，将苏州传统文化底蕴与现代生活方式融合，突出表现了内省、隐逸、交往的精神寓意，并在建筑单体、联体与多进式院落住宅布局上，体现不同于主流"复古情怀"，并尝试对苏州建筑的"本原探索"，这也应是面向"全球在地"的一个初步回应。该项目曾获"江苏优秀住宅奖"等多项荣誉，在获奖感言中，建筑师说："我们不是一味地做仿古建筑，而是结合现代人的生活需求进行创新，还有在材料选择上的创新。社会在发展，建筑也应该与时俱进，关系、尺度等方面当为首要把握，建筑符号则应是善用之。"

以"苏州庭园"的新地域主义之于主流的地域主义，套用一个微观的，针对场所苏州的"批判的地域主义"视角，尽管该理论主要指在普世性与地方性的文化对话场域中，一种边缘性的实践，它对现代化持有批判态度，仍然拒绝放弃现代建筑的进步价值，此中与"批判的地域主义"反向的是，"苏州庭

左页图：苏州庭园的丁字巷口

上图：漏窗

园"的新地域主义或许也是一种边缘性实践，更似某种场所重塑意识对苏州传统建筑（苏式建筑）与主流的地域主义建筑的结合曾经趋于固化的一种尝试更新，同时，它也拒绝放弃苏州传统建筑的类型学价值。

"批判的地域主义"的著名学者肯尼斯·弗兰姆普敦（Kenneth Frampton）提出过关于建筑典范的标准："对一个特定的地区而言，可以有三个标准：一是代表作，或是这个地区某个次一级地区的代表作，或是对该地区的文化产生过重要影响的某个建筑师或某个集团的代表作；二是品质优秀的作品，在综合建筑形式、社会性以及建构形态中显示出高品质的作品；三是类型学上有突出贡献的作品，也就是对建筑文化起到推动作用的作品。"

笔者认为，尽管"苏州庭园"项目的设计尚称不上是典范，但建筑师有关场所苏州的理解及其设计实践还是难能可贵的，无论对于场所苏州的建构形态而言，还是苏州建筑在类型学上从"复古情怀"尝试"本原探索"而言。

# 圆融时代广场

### 城市综合体探察

"望闻问切"是传统中医的诊疗步骤，本文以此四诊关键词为行文结构，并无意对城市综合体展开所谓诊断，仅就有关圆融时代广场与苏州场所精神展开辩证观象，试图探察有关身体与精神的方剂，并最终交由每个人属于自己的解读。

## 1. 望：中国城市综合体发展简述

（1）概述

据有关研究称，城市综合体是指具有城市性、集合多种城市空间与建筑空间于一体的城市实体。城市综合体从功能业态定义，国外称之为 HOPSCA，即 Hotel（酒店）、Office（写字楼）、Park（公园）、Shopping Mall（购物中心）、Convention（会议中心、会展中心）、Apartment（公寓）。这一定义，使城市综合体内部"商业生态系统"的各部分间建立一种相互依存，相互助益的关系，这样的建筑群落进而塑造了一个多功能、高效率、多元复杂而统一的城市场所。

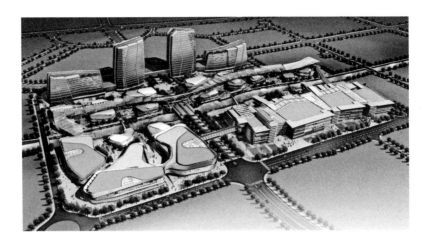

上图：圆融时代广场鸟瞰图

来源：美国 HOK 公司方案设计文本，2006。

城市综合体一般会出现在城市核心区，具有体量大、投资大、建筑形式多样性、功能复合性等多种特点。关于优质综合体项目的评价，业内观点大致相同：首先，一个成熟、理性的城市综合体的标志是能满足城市精英阶层的居住、消费、休闲、娱乐、社交等多种形态的高品质生活需求；其次，综合体应拥有一定规模的持有型购物中心、五星级酒店或是高端写字楼；再次，大型居住型综合体建筑必须拥有齐备的生活系统；最后，由于城市综合体与城市经济的密切联系，这一切都需要在交通方面，与城市其他区域之间有快速、便捷的交通路网做纽带，有良好的交通环境。

目前海外比较知名的城市综合体有：法国拉德芳斯，澳大利亚墨尔本中心，美国纽约世界金融中心、美国伊利诺伊州中心，日本大阪浪速区办公综合体、日本东京六本木区，中国香港太古广场、中国香港九龙综合开发案等。中国大陆比较著名的城市（商业）综合体有：全国布局的万达商业广场，上海的上海商城、徐家汇中心、绿地中心，北京的华贸中心、富力城、国盛中心，天津的金融街、中粮大悦城，广州的中信广场、天河城，深圳的华润万象城、万科城、东海国际中心，苏州的圆融时代广场、苏州中心、龙湖时代天街等。

（2）历史与现状

回溯人类城市发展史，不难发现，对于城市综合体而言，实际上一直就是以不同的形式演变而来。《杭州日报》记者陈卿的有关报道称，欧洲古罗马时代的公共浴场，可以算是城市综合体的早期雏形。据历史文献，古罗马公共浴场并非现代意义上的浴场，而是容纳了浴场、讲演厅、图书馆、音乐堂、运动场、交谊厅以及星罗棋布的商店。这样一种将多功能综合于一组建筑内的空间组合方式，其影响甚至蔓延至 18 世纪以后的欧洲大批城市公共建筑集群。至于中国宋朝时期市井的瓦舍勾栏，以及民国时期风行中国一线城市，融汇餐饮、娱乐、商城的"劝业场"，亦可称为历史上中国式的城市商业综合体。

陈卿认为，至于现代意义上的城市综合体的出现，主要是自 20 世纪 70 年代能源危机开始之后，美国开始发展新城市主义，朝向更人性化、更环保的城市综合体的设计目的，以期创造更优质的城市生活价值。在亚洲，中国香港作为弹丸之地，其最高价值的也是城市综合体。从城市设计而言，考虑地理位置、体量规模、商业功能等方面，城市综合体各个功能应该具备互谋其利，然后互避其害。著名城市学者简·雅各布斯（Jane Jacobs）曾说："设计一个梦幻城市很容易，然而建造一个活生生的城市则煞费思量。"

该报道还指出，如今，中国的地方政府和城市运营商对城市综合体的开发异常热情，但也因此催生出一些现实问题。一二三四线城市，集体进军城市综合体已成事实。一些不切实际、贪大求全以及同质化日趋严重的城市综合体发展计划已然浮现，以此追逐所谓潮流。而更大的隐忧，还在于屡屡发生于当下的城市规划上的任意与多变。而一个成功的城市综合体的初具规模，法国拉德芳斯用了 16 年，日本东京六本木用了 19 年。在当代中国，早期设计的城市综合体大多只注重功能和定位的问题，而到了近年，一些地方政府与城市运营商已在原来定位和功能基础上开始更加关注其他因素的影响，例如：历史传承与现代商业元素的有机融合等。

上图：圆融时代广场夜景 1

下图：圆融时代广场夜景 2

## 2. 闻：苏州城市空间的结构性背景与城市精神的意象

### （1）苏州的城市空间演化与结构互动

赵冰等一派学者认为，公元前 484 年吴国建都城于苏州西郊木渎地区的丘陵
之间。公元 9 年，王莽复古制，改吴县（汉朝时苏州称谓）为泰德，另建泰德城，
此为今苏州城建城之始。泰德城是一座地势低缓的泽国水城。有水陆八门，城
中辟有宽阔的河道。平门是泰德城的北门，胥门是西南面的城门。公元 23 年，
泰德复名吴县。至 1130 年（南宋建炎四年），金兵南侵，战火摧毁了苏州城
（平江府）。宋绍兴初年，高宗赵构拟迁都平江，对苏州城按都城要求进行重建。

后来，知府李寿朋把重建后又经过近百年发展的平江城的平面图刻于石碑上，即为著名的《平江图》。当时的苏州城周长约35里，城市的布局与河网水系密切结合，构成"水陆并行、河街相邻"的双棋盘式格局。又据美国学者施坚雅（G.William Skinner）的研究，明清两朝时期，苏州发展的规模仅次于都城北京，是当时中国最繁华的经济中心城市之一。明朝初年重新修复苏州城，城南北长12里，东西宽9里，周45里。城内河道长约86km，比宋朝有增加，城墙外已形成居民区。清朝的苏州府城下辖24个市镇，形成了城内园林密布，城郊众星拱月的全方位发展格局。民国至中华人民共和国改革开放之初的这段时期，苏州城市格局的重要变动有，如：1927年苏州市政筹备处在建筑学家柳士英主持下，制定了突出苏州旅游休闲功能的城市建设计划，并进行了一定规模的市政建设，以及令苏州人痛心的一些记忆，如：20世纪50年代拆城墙、填护城河、填城内河道等。

迈入21世纪以来，苏州市区面积陡增至2910km²，由园区、虎丘区、吴中区、相城区、吴江区和姑苏区构成的六区组团得到了快速发展，迎来了苏州历史上的建设高潮。另一方面，保护古城的意识空前高涨，当代苏州形成了古城居中、东园西区、一体两翼、南景（风景区）北廊（交通走廊）、四角山水、多中心、开敞式的城市空间形态。学者陈泳早在2006年的研究认为："苏州以开发区为载体的产业空间拓展和人居环境改善所带来的区域性扩张和重构，是城市形态演变的主要特征。但在五区组团的重构中，城市外围低密度扩散，次中心尚待孕育发展，亚十字形城市形态的离心作用受到抑制。"但随着近年的快速发展，苏州正演化出多中心的城市公共空间结构，尤其是其园区正在成为苏州的新都市中心。

有关苏州城市的空间结构互动，结合陈泳的研究，从形态演化角度看，政治政策结构方面，从1993年定位于"较大的市"，发展至今定位为"长三角中心城市"乃至朝向"国际化大城市"；在经济技术结构方面，从倚重于外向型制造业经济，发展至今为私营个体经济投资总量超过外资，科技创新投资与产业化风起云涌，由于它们大多集中在开发区，这无疑对苏州的空间形态演化产生新的影响；在社会文化结构方面，外向型经济的发展使许多西方国家的企业和管理组织落户苏州，其中属于世界 500 强的一些企业主要是落户苏州工业园区。它们的经济投资在输入技术、设备、资金、管理、海外渠道的同时，也传播着西方的文化意识和生活方式。苏州的不同城区之间的发展出现了落差，社会阶层发生分化，并有极化趋势，从而导致城市空间结构的分异，城市空间的不均衡增长也是它的显性表现。城市综合体也随之应运而生。这些都深刻地影响着城市空间形态的演化。

（2）苏州城市精神的意象

挪威建筑学家诺伯格·舒尔茨在建筑现象学中提出"场所精神"，场所这个环境术语意味着自然环境与人造环境组成的有意义的整体。这个整体以一定的方式聚集了人们生活世界所需要的具体事物。这些事物的相互构成方式反过来决定了场所的特征。

按照主流的考古说法，苏州古城始建于距今 2500 多年的吴国时代，可称为在 2500 多年的原址上没有变迁的中国城市中的凤毛麟角。苏州位于太湖东北侧，城外丘陵起伏、湖泊点缀，城内河巷纵横，建筑街道沿河而建，前巷后河、水陆并行，粉墙黛瓦，古城门、古典园林、老街坊、小桥流水人家，以及评弹、昆曲、工艺美术等，这些文化遗产和现代产业硕果共同铸就了苏州的场所精神。学者方世南曾在解读"崇文、融合、创新、致远"这一早期的苏州官方定义的城市精神时认为：在崇文方面，苏州自古文盛出状元，到现代的李政道、贝聿铭、吴健雄等大师，他们走出苏州、享誉世界，现代苏州更秉承了崇文重教、尚智好学的优秀传统；在融合方面，苏州的文化是水文化，苏州人具有谦恭纳百川、包容蓄和谐的气质，无论是历史上的，还是今天的大量移民定居苏州，他们都为苏州的多元文化增添了新的内涵；在创新方面，当代苏州以"张家港精神、昆山之路、工业园区经验"这三大法宝，正在国内率先实现城乡一体化和基本现代化；在致远方面，特别是改革开放以来，苏州人总能抓住历史机遇，理想远大、面向未来，致力于建设生态文明城市的可持续发展之路。

再具体到苏州城市精神的意象，即包括建筑对苏州人的行为、思想、情感所产生的意义与气质而言，笔者较认同江苏省作家协会邵科先生对苏州的评价："就整个城市规划理念来说，几千年的传统文明把苏州推向了'雅量'的境界。"似乎仅雅量一词，即可理解为苏州的建筑对城市精神的塑形，以及其城市精神对建筑的回应。进而，苏州的城市与精神之间的结构关系，在雅量上恰如其分地生成一种意象。并且，这种雅量意象不仅体现在其地域性的场所特征上，也在时代性的流变中，经受着稳定性与延续性的考验。

## 3. 问：现代城市综合体的建筑语汇对苏州传统意象的表现

（1）城市综合体空间形态对苏州传统意象的观照，抑或表现？

圆融时代广场的空间形态体现出典型的城市商业综合体特征，除了倾斜穿插的体块组合形成富于动感的立面，其中最具特色的造型元素当属穿越整个地块的 LED 天幕。在人流集聚的晚间，天幕播放的短片和广告配合音效使之成为整个商业综合体的视觉焦点，游走其间能感受到强烈的光影效果。这一创意甚至在综合体落成之初即成为其吸引消费者光顾的最重要的元素。

另一处空间上的特征，即穿越其间的河道以及跨河的几座景观桥，从设计者的角度似乎是要将苏州传统的"小桥流水"的城市意象通过提炼的现代手法表现出来，但使用的钢构架，木板铺装，玻璃构件等材料均从直接的形象感官上与传统韵味相去甚远，但从与城市综合体的整体的造型风格来对应，又是较为恰当的。

一方面，圆融时代广场位于仿效新加坡模式而建设的苏州工业园区，体现现代感或时尚感当属建筑语汇的自然选择。另一方面，正由于苏州作为江南水乡和历史名城所带给人们的固有印象，在新城区体现出的时代感会更强烈地激发城市演变过程中的活力。这也是当前世界上许多历史性城市在新的建设项目中所采取的策略之一。新植入的城市空间与古老的城市空间所形成的对

上图、下图：圆融时代广场天幕远眺

比和反差反而可以使新、旧两方面的城市肌理都得到加强。而新、老城市空间在物质形态反差关系上，如何互动达成现代与传统语汇在意象关系上的融境，这也是历史性城市在当代面临的重要课题。

（2）高端建筑材料的大规模高调使用对苏州城市含蓄素雅风格的冲击，抑或改造？

作为园区的形象工程之一，这一城市综合体总建筑面积 51 万 $m^2$，于 2009 年初建成投入使用，其开发的资金支持是强有力的，仅建筑工程造价按建筑面积计，在十年前，每平方米就超过 7000 元。正是由于对建成效果的过度关注，在建筑材料的使用上似乎超出了当时常规的选择。建筑外墙大量采用铝板、玻璃幕墙和花岗岩，甚至在地下停车库的车道侧墙也采用了磨光花岗石板的饰面。较为奢华的久光百货建筑面积为 17 万 $m^2$，它的室内购物空间也几乎接近一线国际都市中心的高端商业空间的标准，即便是目前苏州的整体消费水平有所提高，这样的购物环境和较高价格的商品使它的消费人群只能定位在中高收入阶层。这也在另一方面反过来维持了其作为高端消费场所所需要的优雅氛围，避免出现像大多数中国的购物中心那样的拥挤热闹，却又无法避免在有些时段人气不足的尴尬气氛。其中一个例外的部分是位于久光百货地下一层的食品超市和餐饮广场。由于这里相对经济的消费，使得其人气有所聚

下左图：金属树池
下右图：久光百货下沉式入口

上图：久光百货北立面局部

中图：久光百货北立面

下左图：久光百货北立面局部

下右图：圆融时代广场导视牌

集。当然，随着 2017 年年底，另一座更为奢华庞大，总规划建筑面积达 113 万 m² 的城市综合体"苏州中心"的 Shopping Mall 在园区湖西地区的开业，其建筑面积达到 35 万 m²，号称华东地区之最。苏州似乎正在向世界振臂发出一流城市、一流生活的高调呼声。

如此情势下，苏州传统民居粉墙黛瓦、庭园深深、小桥流水人家所营造的城市风格，正经受着园区、新区等开发区规模化的现代性围裹。可以说，以圆融时代广场为代表的，呈现的现代奢华、大型体量的开放式空间，使苏州传统素雅、内敛式的城市空间气质因前者的地域性介入，正经受着价值体系的冲击与文化意识的重组，并促发着历史性、内在性的重构。

## 4. 切：高端城市（商业）综合体定位与消费主义及其欲望的解读

（1）欲望的开发与价值观塑造：消费主义与城市空间的符号消费

圆融时代广场作为目前苏州地区已投入使用的第二大建筑规模（51 万 m²）的城市（商业）综合体，是由国企投资开发与运营的。从某种意义上说，在苏州这片江南意蕴延绵、传统积淀深厚的土地上，开启的这一处国际现代主义建筑风格的大型空间场所，其刻意复制西方模式的诉求，似乎也难以回避消费主义所营造的城市空间符号消费的窠臼。因为，消费主义与城市综合体的结合，已然形成一种景观社会现象，作为对当下建筑与城市的观察，这已是无法绕开或回避的问题。

所谓消费主义，是指这样一种生活方式：消费的目的不是为了实际需要的满足，而是在不断追求被制造出来、被刺激起来的欲望的满足。消费主义是一种以追求和崇尚过度的物质占有，或将消费作为美好生活和人生目的的价值观，以及这种观念支配下的行为实践。法国哲学家、社会学家让·鲍德里亚（Jean. Baudrillard）创造性地提出"消费社会"的概念，即消费社会的产生是从以生产为中心的社会向以消费为中心的社会转变的必然结果。消费社会的物已

上左图：双桥与平台的交接

上中图：过街廊桥

上右图：圆融桥

下图：景观桥

经不是传统意义上自然状态下的物，而是具有符号意义的物，其价值体现在物品所蕴涵的社会意义上。对物的消费，也就是对物的符号意义的消费。而符号的价值就体现在表现风格、特权、奢侈和权力等的社会意义标志（品牌），这些成为商品和消费中越来越重要的部分。学者方立峰认为，特别是中国加入WTO之后，经济全球化带来了消费全球化，消费主义文化也开始流行中国。在这个消费主义时代，一切物质商品都被品牌文化包装、而一切文化又都变成商品，纳入商品交换的轨道，物质和文化的消费都商业同质化。笔者则认为，消费主义全球化实质上是资本主义对人的欲望快感的洞察和开发，力求引导人的生产型快感所创造的价值是以满足消耗型快感为主体的消费主义价值观（把消费视为美德）为标准，营造所谓消费的民主化，进而把人的欲望牢牢绑定在"物质占有"这一单向度上，以期资本回报的最大化与长盛不衰。对于个体人，其欲望的实现因快感的被导向，沦为了"消费人"，却又被资本家借机赞美为上帝。而实际上，"消费人"对上帝没啥兴趣，他的目标是"早日实现财务自由"，有朝一日成为资本家，因为资本家才代表美德。这一循环流程，笔者称之为："消费的救赎"。（按：有关快感二元理论，参见《古典空间里的欲望困境》中国建筑工业出版社，2018）

鲍德里亚的老师、法国哲学家、社会学家亨利·列斐伏尔（Henri Lefebvre）提出"空间生产"的概念，他从空间的维度出发，对西方资本主义社会进行广泛的考察和论述，在此基础上提出，当代社会已由空间中事物的生产转向空间本身的生产。他还认为，这一转变是由于生产力自身的成长以及知识在物质生产中的直接介入，其具体表现在具有一定历史性的城市的急速扩张、社会的普遍都市化以及空间性组织的问题等方面。由此可见，苏州是一座高速城市化的中国东部发达城市，一方面是城市向郊区和乡村的扩张，以工业园区、高新区为代表的新城市空间在不断地被生产；另一方面是城市制造业向以知识和服务为主体的科技创新产业、第三产业转变，造成城市中心区大量生产、仓储用地的闲置，这些为房地产开发与城市更新提供了空间和机会。由于园区休闲娱乐业的发展和商业旅游的兴起，以圆融时代广场为代表的城市（商业）综合体成为苏州的一处可观、可玩、可游、可住的城市空间消费品。正如，

久光百货北立面细部

在海外，明星建筑师弗兰克·盖里（Frank Gehry）设计的西班牙毕尔巴鄂古根海姆美术馆，就是文化建筑符号成功包裹的消费品。正是因为它，旅游消费经济成为毕尔巴鄂市的重要支柱。不过，如今苏州最具时尚消费符号的城市（商业）综合体已转为"苏州中心"商场，这正体现了当下的建筑快速尾随广告，充当着文化与商业之间的又一种基本媒介，并且通过大量的美学生产形式，裹挟着消费主义的汹涌潮流，重塑着城市空间的符号。这也是城市空间符号消费的时态进程。

（2）空间生产与符号消费的解析：以《圆融时代广场招商文本》为例

笔者以解析圆融时代广场的招商文本为例，并非针对其开发运营商（苏州圆融集团）进行所谓批判。事实上，圆融集团作为苏州商业地产的领跑者，尤其对苏州工业园区的建设发展做出了很大贡献，这是有目共睹的。本文仅试图从理论意义着眼，通过解析当下流行文本，对当代城市空间生产中的消费主义与符号消费予以管窥。

项目优势：
作为苏州市重点建设项目，圆融时代广场在规划、设计、建设、招商等各个方面都精益求精，力求与苏州环球时尚消费地标的国际定位契合，倾力打造华东地区最具影响力和商业价值的品牌街区。

解读：苏州作为全球时尚消费的所在地之一，形成国际性的城市形象符号，圆融广场则成为华东地区首屈一指的场所消费符号。此处若是指苏州市民（包括在苏州定居的海外人士）在圆融广场消费某些国际性商业品牌，则圆融广场堪称是一处面向本土的时尚地标。而若是指环球的旅游、商务型消费者来到华东地区，来到苏州，来到苏州工业园区，再来到圆融广场进行国际性品牌的时尚消费，似乎有待存疑。

圆融时代广场步行街一隅

区位：

圆融时代广场地处苏州工业园区金鸡湖东岸，园区钻石地段，未来 CBD 核心位置。项目东临金鸡湖广场、园区行政中心，西迎晋合洲际酒店、苏州科技文艺中心，南北紧邻建屋新罗酒店、凯悦酒店，并有高档住宅群分布周边。

解读：财富即尊贵的最高端（圆融广场地处超越黄金地段的钻石地段），奢侈消费（豪华酒店）、政治与文化权力（行政中心、科技文化中心）、特权阶层（高档住宅群）等社会意义上的标志作为一种符号价值被高调放大。

交通：

圆融时代广场交通网络四通八达，现代大道、机场路、金鸡湖大桥环绕周围；两个大型公交换乘中心位于时代广场两端；苏州轻轨 1 号线 6 个地铁出入口与广场全面对接，1 号线将连接苏州最重要的城市节点与商业、文脉动线。

解读：最高效率、最便捷地抵达消费场所。使遥远的消费者可以通过航班、高速公路，而市域远郊的消费者通过轻轨、换乘公交、自驾车等途径汇聚而来。就像学者王宁认为的"城市的大型购物中心已成为城乡居民的商品朝圣的场所。"

景观：

圆融时代广场通过景观设计将多个独立建筑有机串联，使休闲、娱乐与购物融合在一起。横穿时代广场东西的天然河道，引入金鸡湖活水，未来水上巴士穿梭其中；滨河餐饮娱乐区，网罗无国界美味，尽享世界珍馐；500m 长的 LED 巨型天幕更是成为圆融天幕街区的最大景观亮点。

解读：我们可以看到，随着城市综合体业态的兴起，消费者已经被引导从消费物品转向消费空间。水上旅游、无国界餐饮、世界之最天幕，成为现代西式空间中身体消费的多元体验。英国学者戴维·钱尼（David Chaney）认为，游客的参观也是一种生产，旅游业的前提是文化差异可以作为旅游文化的资源被占用，游客关心的主要是那些构成一个地点之独特性的符号或标牌。

上图：品牌旗舰店

天幕：

天幕全长约 500m，宽 32m，高约 21m。在建筑规模上，已超越了美国拉斯维加斯天幕。优美的弧线宛如一条炫目的长虹，飞架在城市的上空。现代科技带来的富于梦幻色彩和时尚品位的声光艺术，成就苏州巨型空中光影奇观。每晚定时开启，咫尺缤纷，临境震撼，将极大满足大家对视觉享受的终极渴望。

解读：如果说，圆融广场的天幕作为世界之最的标牌，无论是驻足举首的行人，还是临窗仰望的食客，被这种描述为"将极大满足大家对视觉享受的终极渴望"的魅力所吸引，那么，结合学者张闳的观点，它呈现出斑斓炫目的片段性、瞬时性的视觉图腾，催生了一种当代精神消费生活中瞬间性的崇拜行为。这种视觉体验与崇拜无需专注、深度与持久，它只需视觉欲求的瞬间满足和惊叹，以外部的视觉狂热掩盖内在空洞的事实。这些似乎正在加剧当代人内在生活的失忆空洞化与外部生活的瞬息泡沫化，于此形成一种相得益彰的符号消费美学。

品牌：

圆融时代广场引入商家以国际著名品牌为主，其中世界级主力店有久光百货、玩具反斗城、卡通尼乐园、顺电、Wee-World 大未来等，另外星巴克、肯德基、汉堡王、COSTA、苏浙汇等知名品牌也入驻其中。

解读：以上陈列的这些国际著名品牌，实际上大部分是西方国家比较普通的大众消费品牌，但在这里却尽力营造出丰富的、高端的物质意象，人们似乎生活在世界级商品构成的丛林中，步行闲逛其中，欣赏着品牌和包装，品赏着所谓环球美食，产生一种惬意感和身份感。这些商品与消费构成了完美的诱惑，这些诱惑不仅仅是其实用性产生的，更是其符号意义产生的。如果这些是对于炫耀性、奢侈性与时尚性在空间中的消费欲望，以及对空间本身的消费欲望而言的，按学者方立峰的说法，实际上这是加重了当代人的相对贫困状况与生活压力的主要原因。因此，"消费人"就常常生活在矛盾、焦虑和紧张的精神状态中。

上图：圆融时代广场天幕

下图：品牌旗舰店

## 结语. 身体与精神的方剂：
## 现代城市综合体与传统苏州的异语融境

从生产的空间到空间的生产，从消费的空间到空间的消费，这已是人类的城市生活在空间演化中的重要轨迹。在全球化时代，各地出售的商品在质量和功能上没有实质性的差别，那么，为消费者提供一种引人入胜、永不满足的消费体验，则自然由城市空间的生产来供给。城市空间的生产，即城市作为身体的生产。如果把城市综合体比喻为人类城市身体上的某个重要器官，如：心脏、脾、胃等，那么，场所精神无疑就是赋予城市身体的精神元素，以及摄入精神的城市气质。美国华盛顿大学建筑环境学博士廖桂贤说："我深信城市本身不是环境的必要之恶，不适当的硬体建设和过量的制造消费才是地球最大的负担，是让城市生病的原因。"

久光百货夜景

圆融时代广场的硬体建设与消费文化特征是给苏州这座古城带来负担，还是催生出城市的活力？如果一旦城市身体存在不适，能否借用中医的"望闻问切"来诊治？在中医所强调的身体与精神的辩证融治观念下，是否也可以将城市综合体与苏州场所精神予以观照？即使圆融时代广场之于传统苏州，虽为异语、呈象相左，然而，苏州场所的雅量能否终将融化这些异征，生成一种异语融境？所有这些的最终解答，只能留待每个人属于自己的身体与精神的方剂。

# 东方之门

当代地标：全球在地的建筑意象

美国人文地理学家段义孚在其名著《恋地情结》中认为，在前现代时期，人类的时空感知模式是循环时间与垂直空间的组合，而进入现代社会，才演变为线性时间与水平空间的组合。比如，前者由于对世界地域的局限性认识，形成有关天堂、大地和地狱构成的垂直、丰富的世界想象，于是宇宙秩序与循环时间通过地表景观的空间层面塑造了前现代人类的生命体验；后者随着现代性的祛魅，天堂与地狱消失，垂直空间感也消隐，伴随环球地理大发现等水平空间感的凸显，在时间感知上也转为单向的线性演进。而对西亚阿卡门尼德王朝（Achaemenid Kings）的波斯波利斯市（Persepolis）、南亚印度的巴利塔那圣城（Palitana）、东亚商朝的古城等早期文明的考古发现，人类城市的起源来自于宗教，而非经济的产物，因为城市的上方就是宗教指向的宇宙秩序，并以此定位人与城市、人与世界的关系。曾经的每一座城市都是宇宙的中心，而今，人类城市正在相互竞争地要成为世界的中心。

而成为世界中心的一个重要标志就是摩天大楼，于是东方之门作为苏州的当代地标就必然进入我们的视线。这座 302m 高的门式（双塔连体）建筑，它所呈现的门之意象，不仅是在地性的现代性折射，而且是面向全球化的一种地

上图：远眺东方之门

方性回应。身处"全球在地"，让我们先来考察一下全球视野中具代表性的门式高层建筑地标。

# 1. 三重门视线

（1）西进之门（Gateway Arch）

西进之门是美国三大地标之一，位于美国中部密苏里州（Missouri）的圣路易斯市（St.Louis），矗立在密西西比河（Mississippi）西岸，呈拱形东西相向而开，南北高耸而立，其高度与跨度都是192m，由886t不锈钢筑造。建设这座大拱门是为了纪念美国第三届总统托马斯·杰斐逊（Thomas Jefferson）曾于1803年派遣探险队跨过密西西比河向西部开发，于是这里成了"西进之门"（Gateway to the west），象征美国西部的门户。它正式的名称是"杰弗逊国家扩张纪念碑"（Jefferson National Expansion Memorial）。西进之门由著名建筑师伊利尔·沙里文（Eliel Saarinen）设计，于1964年建成，次年投入使用。大拱门为钢结构，外覆不锈钢板表面，呈圆弧形，造型洗练流

上图：西进之门

来源：汇图网。

畅，被称为一架银灰色"直通云霄的天桥"，也有人喻为"立在大地上的一道长虹"。乘电缆车可升至拱门之顶，在两米多宽的拱门顶部内，两侧各有十多个观景窗，可鸟瞰大河之城。大拱门的下面是西部开发史博物馆（Museum of Westward Expansion）。

西部大开发是美国现代化历程的一个重要篇章，经由土地开发、工业开发、科技开发三部曲，不仅繁荣了美国西部，也塑造完型了美国人的精神。而这种刚健好强、勇于冒险、平等进取、开拓创新的美式精神又与西进之门一起塑造了这处地标场所。对应西进之门的构造、材料性质，即钢结构抗拉强度高，自重轻，但当它的长细比较大时，在轴向压力作用下的杆件容易失稳，根据设计要求，此拱门顶端的正常摆动幅度可在 46cm 之内，但据科学家测算，即使遇到时速 80km 的大风，其摆动幅度也仅有 5cm。似乎可见，这座钢质建筑与美式精神已惊妙地融合一体了。

上图：拉德芳斯之门

来源：汇图网。

（2）拉德芳斯之门（Gate of La Défense）

拉德芳斯之门（新凯旋门），由丹麦建筑师冯·斯佩尔克森（Von Spearkerson）设计，是现代主义建筑的一个经典。它位于古老巴黎的凯旋门、香榭丽舍大道和协和广场的同一条中轴线上，形成现代巴黎和传统巴黎的遥相呼应。拉德芳斯之门及广场占地 5.5hm²，门南北两侧是高 110m、长 112m、厚 18.7m 的塔楼。整座建筑表面用白色大理石和近三千块巨型玻璃覆面，在中空门洞内，远看像"脚手架"的两组观景电梯，也是由玻璃材料构成。两个塔楼的连体顶楼里是巨大的展览厅，顶楼上面是观景台。为保护巴黎的传统特色，在 105km²的市区内不允许建高楼，因此，巴黎在 20 世纪 80 年代启动建设拉德芳斯这座现代化城区，而拉德芳斯之门就是"新巴黎"的地标。斯佩尔克森的设计理念是："建设一座现代凯旋门，开放的凯旋门，颂扬人类胜利的凯旋门。来自世界各地，不同肤色、不同宗教、讲不同语言的人们聚集在这里，互相交流，互相学习，互相了解。"新凯旋门颂扬人类的和谐，而不是战争的胜利，没想到，他的设计仍遇到了以审美挑剔著称的巴黎人的激烈批评，后转交法国建筑师保罗·安德鲁（Paul Andrew）完善推进，最终于1989年建成。经过30多年分阶段的建设，拉德芳斯成为巴黎都会区首要的中心商务区，拥有巴黎都会区中最多的摩天大厦。今日的拉德芳斯已将工作、居住、休闲三者融合发展、环境优先，因而不仅获得"欧洲第一商务区"的美誉，也成为一个蜚声世界的宜居城区。

从17～18世纪的近代思想家帕斯卡尔、孟德斯鸠、伏尔泰、卢梭到现当代思想家萨特、福柯、布尔迪厄、列维·施特劳斯、列菲弗尔、鲍德里亚、阿兰·迦耶、埃德加·莫兰等人，法国一直是人类现代思想探索的一处前沿高地。而思想的进步是人类抵制战争冲突，寻求和谐共生的力量源泉。拉德芳斯之门正是营造了这样一处场所，作为一个超过百米的高层建筑，与古典巴洛克风格的凯旋门相映对话，它呈现的现代美学使其形态在尺度关系上更像是一座巨大体量的纪念碑，它似在告诉人们，这处"新巴黎"场所正以人类现代文明的普遍价值及其实践，作为对曾经讴歌巴洛克王权与民族（国家）本位主义的一种观念反思与更新。

（3）东方之门（The Gate of the Orient）

被大家冠以"大秋裤"称号的东方之门自2003年立项，由英国RMJM建筑师事务所方案创意并与华东建筑设计研究院合作设计，终于在2017年建成竣工并投入使用。东方之门是位于苏州市的东西中轴线上，东临金鸡湖的重要节点，无论是它的形体造型、体量规模还是文化隐喻，都堪称苏州乃至中国的重量级建筑与文化地标。东方之门总建筑面积45万 m²，其中地上部分约33万 m²，北塔楼为60层，南塔楼为66层，总高302m；地下部分约12万 m²，共5层。在一个单体建筑中容纳了商业、办公、酒店式公寓、五星级酒店、观光等多种功能，使其成为一座大型的城市综合体，并与另一巨大体量的"苏州中心"商场对接，组成环金鸡湖一带拉动苏州城市发展最具潜力的区域。

上图：东方之门

据称，东方之门的创意设计灵感源自苏州园林的花瓶门及月洞门，并将其曲线进行提取和整合，既表达了独特的中式神韵，又体现了现代的科技语言。建筑在吻合"门"的形态上，沿湖立面由下至上逐渐加宽，使坐拥湖景的空间最大化。建筑东、西立面表面为鱼鳞状玻璃幕墙以匀距条带（横楣）间隔组构，可随日照变化调整透明性能以适应视线的要求。南、北立面表面为清玻璃幕墙结合遮阳挑檐和深灰色铝板凸显凹进的效果，与东、西立面相互衬托，形成质感上的二元对比。建筑顶端的玻璃穹顶内有苏州古典式园林和总统套房，拱顶玻璃曲面与东、西立面幕墙联结一体，远观之，犹如两道瀑布从苍穹一泻而下，落入"人间天堂"。

如果说，西进之门象征北美新大陆重要的现代化进程与美国精神的完型，拉德芳斯之门象征法国肩负着以欧洲现代文明为中心，面向全人类和平、发展、和谐的当代诉求与凝聚力量，那么，东方之门则象征着它的投资人所说的："古老中国走向世界的新起点，世界了解东方的新门户"。于是，19 世纪的北美、20 世纪的欧洲、21 世纪的东方，在时间序列上步入了全球同纬的三重门。

## 2. 三个地标意象

再把视线投向一条由西北偏向东南的隐秘轴线，我们会发现，它将虎丘塔、苏州火车站、东方之门三处地标建筑联系起来，以此对应历史、当代与面向未来的苏州隐喻。

（1）虎丘塔

又称云岩寺塔，现高 48m，为八角仿木结构楼阁式七层砖塔。南朝梁陈时，虎丘之巅已建有木构方形佛塔，隋仁寿元年（601 年）建三层方形木构佛塔，唐大历四年（769 年）建砖木混构佛塔。今存虎丘塔建于唐光化三年（900 年），完成于宋太祖在位时（960 ~ 976 年），是江南现存唯一具有晚唐至五代风格的多层建筑。其腰檐、平座、勾栏等全用砖造，外檐斗栱用砖木混合结构。现塔顶轴心向北偏东倾斜约 2.34m，据专家推测，因塔基岩在山斜坡上，填土厚薄不一，故塔未建成已向东北方倾斜。中华人民共和国成立后，1957 ~ 2017 年，虎丘塔经历了"围、灌、盖、补"式的多次大修，得以继续斜而不倒、屹立千年。

18 世纪意大利哲学家维柯（Giambattista Vico）曾提出："语言、神话和习俗是人类在历史中通过自我实现（从最开始对大自然原始体验到一代代漫长的文化发展）而产生的隐喻式的遗产"。无疑，虎丘就是一部苏州地方神话的高潮篇，它以海涌山白虎化精为神话肇始，以阖闾剑池、西施照井、孙武练兵为文脉序幕，拉开了这处 2500 多年的历时性文化大幕，"山水寺观园"与"儒道释帝俗"又共时性地将虎丘书写为中国自然山水园林的典范剧目。

按照维柯的"隐喻式的遗产"说法，也许虎丘塔就是这处遗产的最具隐喻的视觉符号，它与苏州的场所精神紧密关联。它千百年来的屹立，以寂静俯瞰喧哗的气质，是与其构成、坚固、实在、完整、诚实，以及温暖和神秘感觉

上图：从海涌桥望虎丘塔

相联系的。虎丘塔存在的营造活动已超出其历史和技术知识，形成的焦点在于与时代性的苏州对话。虎丘塔即是苏州场所精神最重要的传播符号之一。

或许可以这么说，代表着中国传统文化体系的儒道释，在苏州都能找到其相应的地标（文化坐标）。如：儒教的苏州文庙，道教的玄妙观，佛教的虎丘塔。那么，为什么虎丘塔堪称最具代表性的苏州历史地标呢？结合段义孚先生的观点："体验是感觉（感受）和思想的结合，知觉则不是。人类的感觉（感受）并不是一系列不相联系的感觉。相反，记忆和预期得以将感觉上受到的冲击编织在一起，感觉和思想是连续体验的两极。"笔者认为，虎丘以其最为丰富驳杂、纽结又两极化的体验性特征，成为穿越历史、解读苏州的最佳场所。

正如深夜的沪宁线上，一列迅驰而过的火车穿越虎丘与苏州古城之间，那一声划破幽暗的鸣响，已将虎丘塔永结在苏州的时空意象之中。

（2）苏州火车站

苏州火车站位于苏州古城平门的北边，隔护城河与古城相望。始建于1906年（光绪三十二年）的苏州火车站距今已逾百年历史，当时车站面积仅205m²，

上左图：1906 年的苏州火车站

来源：《苏州旧梦：1949 年前的印象与记忆》。

上右图：2018 年的苏州火车站

站台仅有 2 座。如今，作为一座人口超过千万的特大型城市，由于现代化轨道交通系统的发展，曾于 1982 年改建的江南建筑风格老火车站已难以满足使用要求，因此，一个大规模、综合性的交通枢纽成为当代苏州的必需。苏州火车站（新站）由著名中国本土建筑师崔恺主持设计，用地面积为 96000m²，建筑面积为 85800m²，于 2013 年竣工并投入使用。

建筑面积是百年前的 418 倍，是 1982 年的建筑面积 6411 平方米的 13 倍，如此庞大的空间体量与苏州细腻、幽雅、小尺度氛围的古城要协调，还要体现"苏而新"的本土建筑的时代风貌，于是，现代中式建筑风格成为设计的立意。该建筑设计在形式语言上，提炼出菱形作为一个符号系统，并发展演绎到大跨度的站房空间桁架体系、门窗檐口乃至地面铺装，配合白墙黛瓦的苏州传统建筑韵味，空间嵌套大小不一的庭院与候车敞廊。室内则采用连续的折板顶棚和采光窗，使菱形元素贯穿于室内外。此外，新火车站采取高架式站房形式，南北各设入口，由高架层进站，自地下层出站。入口处屋面出檐深远，似对苏州传统建筑出檐反翘或檐角出戗的呼应，一种现代气象中透着传统神韵。檐下半室外的集散空间结合有下沉广场、绿地、园林小品。并且，主站房两侧围绕多个内庭院组织功能用房。这些空间构成在高差上、平面上呈现

上左图：苏州火车站南广场雕塑

上右图：菱形元素

下右图：内嵌菱形灯笼的树型立柱

丰富变换的"苏而新"格局。新站建筑以苏州传统建筑的灰、白、栗三色为主，南北两组内嵌菱形灯笼的树型立柱撑起大跨度屋架，又像是在大尺度上对传统木结构精神的一种现代回应。

一座庞大的现代化车站在与古城对话中融入苏州的城市肌理，成为古城与新城交接的一处重要节点。从传统走向现代，以现代回应传统，正是这座对中国建筑"本原探索"的地标建筑的意象所指。

（3）东方之门

作为全国领先的城市规划与设计实践，苏州工业园区湖西CBD的城市设计有
效地统筹了中国科学院齐康院士强调的"轴、核、群、架、皮"五大概念的
组织系统。如：苏州城市的东西向中轴为苏州大道、干将路一线，而东方之门
位于苏州大道（西）的东端，与苏州大道（东）隔金鸡湖相对，西向与姑苏
区干将路对接；在湖西CBD建筑群中，东方之门是最高的地标建筑，是湖西
之核；东方之门与"苏州中心"这两处紧邻的城市综合体作为湖西CBD的核
心建筑组合，东向临湖，西、南、北向与其他高层商业建筑交接，形成优美
的天际线；湖西CBD的主干道、次干道、支路等路网配合河道水系及其景观
绿化，组织了以中央公园为西端，北边界苏绣路，南边界苏惠路，东边界星
港街的东西向廊道式，朝向金鸡湖收分的CBD骨架，其平面轮廓形似一只手
电筒照向金鸡湖，而东方之门正是它的灯泡；湖西CBD以湖滨广场与金鸡湖
相临，南、北、西向与住宅区交接，开阔的广场湖景、高耸的东方之门、巨
大体量自由曲面屋顶的苏州中心商场及W酒店、恒泰大厦、兆润大厦、环球
188广场双塔楼、凤凰广场、新天翔广场、尼盛广场等商业建筑群直至诸多住
宅区的包被，形成了（手电筒区）中心聚景向南、北、西周边的高度递减的
敞景，以及从湖东眺望东方之门这一地标聚景与湖西敞景构成的天际线，视
觉的"旷奥度"宜人。笔者认为，它所呈现的湖西中心区之皮（界面）要优
于湖东CBD，尽管后者的规模体量更大。


门，一般是沟通室内室外的出入口，而门在室外有专门功用，即分割不同的
功能区，就像北京的天安门将广场与故宫分隔。东方之门分隔的也正是西面
的商务居住区与东面的湖景休闲旅游区。晴天丽日下，波光粼粼的湖面映照
在它的东立面，阳光、湖水、玻璃幕墙与建筑造型一同塑造了刚柔并济的门
式形体。

从门式的外轮廓看，刚劲轩挺；从门式的内轮廓看，俊秀典雅。东、西立面向
着朝阳、夕阳，其玻璃幕墙的横楣有着凹凸程度的微妙处理，幕墙玻璃左右

上图：东方之门与苏州中心商场

下图：金鸡湖湖西 CBD 地图

来源：百度地图。

之间无直棂，阳光直射与湖光反射到玻璃上，随时光的起落泛着鳞片般的纹理与光泽。有关摩天大厦的玻璃幕墙，它的确有着显著的现代性隐喻，尽管段义孚先生说："前现代人的宇宙观是多层次的，大自然中充满了象征性，人们可以从不同层次去解读其中的事物，并能唤起充满情感的回应。我们都知道语言有一词多义或歧义性。在我们日常所用的语言中，都充满了象征性和隐喻性，更遑论诗词歌赋里。相反，科学的目的则是要努力消除这种语焉不详的可能性。传统社会中，无论日常性还是仪式性的话语，都有着丰富性和多义性，但现代性所追求的却是透明性和如实性。"，笔者认为，东方之门在这些现代性之内，仍隐含着多义性的丰富内涵。

再从门式的结构看，由于是门式造型，它减少了这座巨大体量的超高层建筑对周边建筑的压迫感，并以其俊秀典雅的内轮廓呈现一种雅量的体量感。据有关东方之门施工技术的文献，由于东方之门的南北塔楼的总层数、建筑层高、平面布置和使用荷载都不相同，使作为连体双塔的南、北两栋楼的结构布置和质量也存在明显差异。该建筑为目前世界上最高、最大体量的刚度和质量不对称的超高层双塔连体结构，属多项特别不规则的超限高建筑。其建筑造型与结构体系独特，结构的扭转反应明显，因此，重点对合拢段、节点设计、桁架、管柱等进行了优化、完善。齐康院士认为，目前对各种荷载作用下的结构强度的要求是我国建筑设计与施工规范的重点，而对环境因素作用下和建筑使用耐久性的要求，相对考虑的还不够。延长建筑的使用寿命就是最大的节能减排，也是最大的节约。作为地标建筑，希望东方之门能够矗立久远。

此外，超高层建筑因上层风大，在转角处常发出风叫声，这是个难题。并且，由于是门式超高层建筑，其门洞下也会形成风洞效应。笔者曾于自然微风的夏天行走在东方之门的地面广场，一阵阵呼啸的飓风可以轻易地刮掉头顶的太阳帽。如此程度的风噪不知是否会对大楼的用户造成影响？为了减缓、抵御这一风洞效应，难怪西边紧邻它的"苏州中心"商场的大屋顶被设计为"世界最大的自由曲面玻璃屋顶"。

上图：东方之门东立面

有关多义性，再回到摩天大厦的现代性话题，美国建筑师菲利普·约翰逊（Philip Johnson）在接受一次采访时说："关于什么是摩天大楼的起因，人们有不同的概念，但在所有的文化中，真正的只有一个原因，即为了宗教信仰或自豪的目的而拔高。我们的商业摩天大厦是竞争性商业世界启动与推进的结果。"他还认为，高塔是为了权力，亚洲人没有学到西方的经济模式，而是去学西方的自尊模式，形式却是美国化的。由此可见，约翰逊的这些观点回应了本文开篇有关城市起源的宗教动力说以及垂直宇宙观在摩天大厦上的一种意象转化。但相对于当代摩天大厦的经济学动力，在亚洲文化里却更多是权力崇拜导致对摩天大厦的热衷，这也是不能否认的一部分事实。而中国历史上，敢于无视权力崇拜的人是罕见的，但在曹操与杨修的故事中，杨修经历了一个文化智士在遭遇权力建筑后的多舛命运。这是一则在中国几乎人人皆知的故事：

上图：远眺湖西 CBD

右页图：东方之门屋顶的苏州古典式园林

来源：《当苏州园林遇见北美城市》。

"原来杨修为人恃才放旷，数犯曹操之忌：操尝造花园一所；造成，操往观之，不置褒贬，只取笔于门上书一'活'字而去。人皆不晓其意。修曰：'门内添活字，乃阔字也。丞相嫌园门阔耳。'于是再筑墙围，改造停当，又请操观之。操大喜，问曰：'谁知吾意？'左右曰：'杨修也。'操虽称美，心甚忌之。"（节选自《三国演义》第七十二回）

据此，后来杨修因这类智识之举又多次得罪曹操，最终引来杀身之祸。而有趣的是，东方之门的投资人是天地集团董事长杨休，他还是南京大学历史系教授，在苏州金鸡湖西岸投资建成这么一座高拔宏巨的门式超高层建筑，是否也是对曾经的杨修之"阔"的一个历史性回应呢？如果说，彼时的杨修以为文人的智识可以激活权力者的赏识，那么，当代的杨休则是自立一门，以中空的门洞远眺天地、激活世界？至此，摩天大厦、东方之门引发的有关现代性的思考，在这位实业家型历史学者的人生中、时代中，是否也在或隐或显？

最后，东方之门隐含的多义性之丰富内涵，还可以回到对建筑"原型"来考察：东方之门从造型上看似国际现代主义风格，但至多是：类国际现代主义，甚至，笔者更愿意称之为：全球在地风格。因为，从其形体外轮廓和建筑构造、材料而言，无疑是国际现代主义样式；但就其门洞的内轮廓而言，在笔者看来，其实并非是对月亮门和花瓶门的曲线提取与整合，而恰似虎丘塔的轮廓的嵌入。这个多义性体现在东方之门的在造型元素响应了苏州地标的母题（原型）—虎丘塔。因此，作为当代苏州地标，它的符号语汇必然是多义性的，一种传统寄寓现代，地方寄寓全球，世界回应东方的融合创新，近乎又一种中道之度、融境之美呈现在我们眼前。可以说，放眼中国大陆，目前具备这种全球在地之意象的城市地标建筑，除了东方之门与上海的金茂大厦，罕见第三者。

上图：金鸡湖夕照

## 3. 结语

从"批判的地域主义"视角，学者肯尼斯·弗兰姆普顿（Kenneth Frampton）
认为："一方面，它（地域民族）应当扎根在过去的土壤，锻造一种民族精神，……
重新展现这种精神和文化的复兴；然而，为了参与现代文明，它又必须接受科学
的、技术的和政治的理性，而它们又往往要求简单和纯粹地放弃整个文化的过去。
事实是：每个文化都不能抵御和吸收现代文明的冲击。这就是悖论所在：如何成
为现代的而又回归源泉；如何复兴一个古老与昏睡的文明，而又参与普世的文明
（universal civilization）。……在未来要想维持任何类型的真实文化，就取决
于我们有无能力生成一种有活力的地域文化的形式，同时又在文化和文明两个层
次上吸收外来影响。……地域和民族文化在今天比往常更必须最终构成为'世界
文化'的地方性折射。"

而"批判的地域主义"正是对刘易斯·芒福德（Lewis Mumford）相关思想的回应，刘易斯·芒福德先生曾说："如果我们习惯于有意识地给地域主义这个词增加普世主义的思想将会更有效，请时刻牢记地方场景与其外界的广阔世界之间持续不断的联系和交流。""批判的地域主义"的始创者、荷兰学者亚历山大·楚尼斯（Alexander Tzonis）与利亚纳·勒斐弗尔（Liana Lefaivre）夫妇总结了刘易斯·芒福德的地域主义理论的五大要点，譬如其中的：拒绝浪漫的历史主义采用的符号复制的办法，认为历史不能复制，地域主义并非倡导广泛使用当地材料，而文化对环境的适应是一个长久而复杂的过程，需要理解过去，应该参照地方传统进行功能设计；再如：关注自然的回归，但与"如画式"的浪漫主义很不相同，应坚持从适应新的现实条件出发去重新发掘景观的意义，强调地域的真正形态是在最接近于现实生活的境况中呈现出来的；又如：在地域的和全球的之间不存在对立，甚至可以建立一种

微妙的平衡，因为一方面，各种文化之间不可避免地具有共同之处，另一方面，每一种文化都需要了解自身局限，在维持自身完整性的同时，必然会持久地吸收外来的全新经验以不断优化自己。

结合以上观念，笔者也认同卢永毅先生指出的，在中国日益步入全球化的当代，我们该如何思考"批判的地域主义"？如何界定当下发生的建筑现象？既然西方学者柯尔孔（Alan Colquhoun）已坦诚地说明，他只能就技术发达国家的情景作出讨论，那么我们的问题恐怕更多地是要靠我们自己去努力探索和解答了。进而，"融境"即为对"批判的地域主义"的一个概念性回应，并正在展开理论性拓展。

作为一份对建筑现象的探讨，在笔者眼中，东方之门已不仅是"世界文化"的一种地方性折射，不仅是批判的地域主义建筑实践的一个典型案例，不仅是当代苏州地标，更应是中国活力与世界活力在此交遇、开阔、激生新的历史性力量的一处融境节点。

---

如今，人类伦理中当前的"绝对性"没有一个是从一开始就存在的，人们在原始状态时并不是一出生就有一种特别的道德感，从而使他能够立刻凸显出这些普世的原则。每个都是长期不断努力的结果。都是试验和评价，即必须要进行的检验。然而，到现在，某些问题如同类相食或乱伦都不再是开放性的问题了。人类物种今天的命运很大程度上取决于我们在道德上决定如何将折磨、战争、种族灭绝置于同样的不可违背的原则之下。相对主义对普世性是无所谓的，它坚持所有的善都同样有价值地表达了地方性的口味或暂时性的推动，实际上将其自身放在了部落的、静止的、停步不前的一方，这些过程和状态阻碍了人类的发展。即使是最守旧的伦理体系也仍是比相对主义更有利于生活。后者否定了普世的原则和静止的标准的可能性，或者其义务的一种形式同外在的变化是一致的。……为了在一种仅仅机械的一致性和时空的物质藩篱被打破的基础上提供一种普世主义，我们必须创造一种基于精神财富和人类多样性的普世主义，它们的多元统一由为了共同的目标而一起劳动来实现。

（刘易斯·芒福德）

第四卷

# 场所精神

## Volume Four: Spirit of Suzhou Place

今日科学发现，物质世界不是永恒的，有开始也有终结。人的精神却一直在追求永恒。也正因为有了精神对永恒的追求，人类的创造欲望才有了新方向。一言之：永恒存在于精神而非物质。另一方面，如果缺少了对物质的不懈探索，人类就意识不到永恒仅存在于精神。

# 导言

上帝曾对亚当说过："你必须是大地上的一个亡命徒、流浪汉"，这意味着上帝让人面对自己最主要的问题，即跨过门槛以重返失乐园。海德格尔认为，人的存在意味着"在大地之上，苍穹之下"，首先必须面对的就是自然场所，经由对自然场所的理解，人构筑了人为场所。诺伯格·舒尔兹认为，场所精神的形成是利用建筑物给予场所的特质，并使这些特质和人产生亲密的关系。我们在具体的日常感受中归属于某一个场所，即表示有一个存在的立足点。作为人间天堂，在自古以来的自然地景中，苏州以其建筑现象、城市意象、空间特性与场所精神的决定性结构为我们建构了一种方向感和认同感，成为理想家园的一个场所。尤其是在全球化的当下，苏州也面临着一种地方性知识的重构。或许可以说，这些重构的技术属于目的，而造型则属于意义，这两方面都与建筑所要塑造的场所有关。通过对建筑、场所、场所精神与苏州发生关系的探讨，笔者认为，这种地方性知识的重构应从文化复兴与更新展开，进而，苏州的场所精神也以"雅量与融境"这一对建筑与城市传播概念的生成来给予诠释。

# 1. 全球在地的文化复兴与更新

(1) 何谓"活在当下"的生活深度？

在中国历史上，作为外来宗教的佛教、伊斯兰教和基督教与中国本土的儒教、道教多元并存，尽管儒教在 2000 多年来一直是中国人信仰的主流模式，维系了中国传统社会制度与文明的稳定与延续，然而在近 200 年前至 20 世纪中叶，即晚清民国时期的中国经历了半殖民地、半封建的社会阶段，社会制度、形态、观念以及生活方式等诸多方面都发生了巨变，尤其是在此期间中国的新文化运动、新民主主义革命，使得科学、民主、基督精神、共产主义在中国人的命运与观念中产生了重大的影响和变革。再放眼全球，时至今日，人类正处于一个"以现代理性的经济人至上"的阶段（甚至是"消费人"的阶段）。这个阶段已经是一个不可逆的事实。我们的任务不是取消它，而是如何调整它对我们的绝对控制。

结合学者思竹的观点，这种绝对控制体现在：人类正以一种无限的增长和信贷能力为名义，朝向一个难以停歇的经济为主流的未来，这就是绝望（虚无感）的问题所在。不同于精神领域的成长和精神财富的分享式递增效应，物质的增长是有极限的，但增长的欲求和冲力似乎势不可挡，并且物质财富的分享必然是递减效应，因为地球的物质资源有限。信贷以未来为抵押，寄望于或假设于到时候可以赎回它。例如，2008 年美国次贷危机引爆的全球金融危机等事件，使这一切明显成问题了。由此发生了对未来的绝望（虚无感），当代人越来越相信，生活的意义不在未来，不在于塑造社会或改造自然，而在于生活本身，所以应"活在当下"，活出实际的深度。但是何谓当下的、实际的生活深度？究竟有多少人会去追求这个深度？其标准或结论却是分崩离析、莫衷一是。

（2）"书院苏州现象"与文化复兴

所谓"书院苏州现象"的说法，来自近年苏州兴起的书院及其蓬勃发展的社会现象。这似乎让我们看到，这么一大批大学式书院和传统国学式书院在当代苏州的涌现，除了前者主要是参照英国剑桥大学、美国哈佛大学等书院模式，即提供给大学学子人文通识的教育培养，其书院制度和课程配置仍是西式结构，实际上，大量涌现的是传统国学式书院，包括官办的与更多民办的。不仅在苏州，书院在整个中国也是遍地开花。从"书院苏州现象"可察，随着中国经济的崛起，随着沿海地区尤其是以苏州为代表的经济发达城市，经历了对外开放、引进外资的 20 多年的高速发展阶段，西方物质文明及伴随而至的文化观念、生活方式也与本土苏州发生了一定深度和广度的渗透、交融、共生。同时，作为一座传统文化遗产和历史底蕴深厚的古城，苏州在与西方经济、产业、教育、文化、生活的交流合作中，也开始越来越涌现复兴传统文化的热潮。这种传统文化的复兴呼声对于苏州乃至中国融入当代世界一体化的地球村格局，非但不应是阻碍，显然还应具意义。需要说明的是，此处提到的世界一体化，并非指西方中心主义的全球化，而是世界多元文化相互学习、交融、更新中，发展出人类共同体的格局。进而，笔者认为，所谓的文化复兴，不仅是一个民族、一个国家（历时性的）传统思想文化的梳理、重振与勃兴，还应是（共时性的）与其他民族、与其他国家多元文化的对话、交流与融合，以此达成与文化更新的合力。这才是一个古老文明得以历久弥新并吸纳全人类的文明成果，传承历史经典，更新文化资源，激活创新力，融入人类文明一体化所必须面对的当代课题。

（3）文化更新之概念与价值

学者袁伟时认为，任何民族都应该珍惜自己的传统文化，保护物质、非物质
文化遗产是政府的责任，继承和弘扬本国和世界的文化则是知识阶层的本职。
中国人是否应该传承自己的传统文化根本不是个问题。因为传统是割舍不断
的，它无所不在，除非你不说华语，不写汉字。传统文化无从回避。随着当
代中国经济的崛起，中国在融入世界一体化的潮流中，国人呼吁文化复兴也
是可以理解的。然而，中国文化的复兴是否就等同于儒道释（"国学"）的复
兴呢？我们应该怎么来看待文化复兴和文化更新的关系呢？

应该说，最初的"天人合一"指的是天人感应，而非人与自然的关系。儒学
赋予它新的定义，即人与自然的和谐一体。就此，学者刘小枫指出："如果'天
人合一'论是一种关于人的存在的真理，就不应是一种民族论的陈述，而应
是存在论的陈述。儒学在这一点上的矛盾是：一方面，他们力图把对天人合一
的解释保持在存在论的水平上，另一方面又竭力以民族论为依据，以抗衡所
谓西方的'真理'。按照所谓'西方的真理'，人不能成为上帝，而按照儒教
圣言，天人可以合一，人人可以成圣。其中蕴据人性的自信和危险的人本
中心主义。把存在的真理划分为东西方的两类，是荒唐的，况且儒家亦主张
世界大同。"笔者认为，从某个角度看，最不可靠的就是人性，因此导致最复
杂的是人心（将在"第五卷：场所复兴"中继续一些探讨）。

袁伟时指出：当下的危险是儒学冀图超越它不应和无力超越的边界。任何民族
的传统文化都有长短，正确的态度是扬长避短或扬长补短。修身是儒学之长。
剔除不符合自由、平等的内涵，它两千多年来凝聚的道德规范、修身方法等
是可以直接继承的。与此紧密联系的与人相处的某些智慧也有可取之处。培
养浩然正气，坚持正义更是珍贵遗产。好些政治智慧也是值得珍惜的。问题
是现在的某些儒学提倡者走了歪道。他们在抵制外来文化上构筑堡垒；强制或
误导少年儿童读腐朽的《三字经》、《弟子规》；甚至希望复兴儒教修改现代社
会基本制度，谋求少数人的特权地位等。这些种种行为的最大危险是对外培

遇见 ENCOUNTER

植夜郎自大的心态，对内灌输尊圣宗经和讲究尊卑等级的思维方法，压制人们的创造力。

在袁伟时看来，其实，任何国家的文化只有在自由交流的情况下，才能扬长避短，避免僵化。文化的特点是在人们的自由选择中自然更替。除了外敌入侵、军事占领下的奴化教育，世上没有所谓"文化侵略"和"文化殖民"。提出这样的概念旨在构筑限制文化自由交流的思想堡垒，在把自己打扮成爱国英雄的同时，推销自己从西方贩卖过来的极端思潮！此外，再看看如今又风靡一时的古代蒙学课本《弟子规》，"亲有疾，药先尝。昼夜侍，不离床。""丧三年，常悲咽。居处变，酒肉绝。""非圣书，屏勿视。蔽聪明，坏心志。"……在 21世纪的当代，这些几乎可称为封建糟粕了吧？而《三字经》这部书全文 1722 字，涵盖了当时天文、地理和其他自然常识，道德规范和各种人文知识，包括中国的朝代，学术史，典籍史。就学术维度看，这些知识绝大部分都应更新了，就教育维度看，内容繁复，有些内容不是孩子们所能理解的。儿童教育的起始点应该是培养他们的学习兴趣和思考能力。

袁伟时进一步指出，人类正面临走向一个新轴心时代，这个新轴心时代的思想家必然与解决世界两大问题紧密相连：一是世界实现一体化；二是建设一个没有战争、没有贫困、没有污染的美好世界。美国学者亨廷顿（Samuel P. Huntington）曾预言世界将陷入"文明冲突"，西方文明与所谓儒家文明冲突的预言没有实现，但西方与伊斯兰教的冲突似乎真的惊心动魄。实际上，矛盾是发生在文明人与少数宗教极端分子之间，包括多数穆斯林在内都反对那些极端分子。这是文明和野蛮的冲突而不是不同文化的冲突。所以，他呼吁，我们应该认真进行各国文化的比较研究，各种文化应该平等对话，更应坦荡地吸取他者的成就，更应有世界人的眼光，不被民族情绪遮蔽自己，冷静地分析各种文化的成败得失。

所谓"坦荡地吸取他者的成就，更应有世界人的眼光"，在笔者理解中，即是文化更新的提出。文化更新对于中国人而言，一言概之，即是以坦荡的胸襟、智慧的眼光、兼容的雅量、对"人的有限性"的认识，来接纳吸取外来文化的优秀成果，既能为我所用，又能天下为公。另一方面，费孝通先生曾提出"文化自觉"的呼吁："在和西方世界保持接触，进行交流的过程中，把我们文化中好的东西讲清楚使其变成世界性的东西。首先是本土化，然后是全球化。"并且，有学者认为，儒学本身就具备开放性、自我更新的格局。譬如，在儒家对应西方的社群主义上，华东师范大学学者德安博（Paul D'Ambrosio）认为，儒家对个人主义的反思和社群主义对个人主义的批判之间并非完全不同，儒家的角色伦理和社群主义观点各有侧重，但社群主义对自由主义的回应和儒家角色伦理在人格观、道德观或伦理观上有许多共通之处。再譬如，在和谐社会观上，美国学者戴梅可（Michael Nylan）从《尚书》《逸周书》等早期中国文献的大量证据发现，中国早期思想家认为，国家的稳定依赖于不同社群间的广泛磋商，有时甚至是多数人的统治，这也反映了早期中国天下为公的政治理念。政治统治的核心问题是平衡各方利益，解决冲突，以实现社会和谐。又譬如，在针对个人主义的自私与贪婪上，美国汉学家罗思文（Henry Rosemont Jr.）曾在个人通信中写道："我要杀死潜伏在现当代西方道德、政治、社会哲学深处的龙……我要做的是驱逐那伪装成哲学、以个人主义的名义隐藏着为自私和贪婪辩护的意识形态的幽灵。"而澳门大学学者梅勒（Hans-Georg Moeller）说，罗思文没有诉诸暴力，而是用儒家式的"轻声细语"（whisper）就很好地驯服了"个人主义"和"资本主义"这两条龙。此外，另一位美国汉学家安乐哲教授也构建了一种哲学方法来质疑欧洲启蒙运动下的原子式个体。他深刻阐述了"关系自我"，表明没有人生活在与他人的隔绝之中。相反，人应该被理解为整体的、相互依存的、关系性的和在场内被聚焦的意义。笔者认为，这些新儒家的观念也回应了场所、场所精神之于人的意义。那么，在文化复兴之路上迈开文化更新的步伐，并与越来越多的海内外新儒学学者同行，正是我们开启文化自觉朝向世界大同的一致愿景。

再举一例略解：在中国医疗卫生事业领域，中医与西医的结合，无论是在医学科学方面还是医疗实践方面都获得了巨大的成就，这种成就为当代中国人的健康人生带来了世界上其他国家的人所难以享受的综合医学资源和辩证融治手段及其成效。如果将中医在中国当代的传承发展类比为文化复兴的话，那么西医的手术和注射等方法就是一种外在介入治疗，相对于内在调和治疗的中医，西医就似扮演了文化更新的角色。当代中国无论是学界还是大众，已经罕有人再去评判是西医高过中医，还是中医胜于西医；是保中医斥西医，还是用西医绝中医。因为，我们已认识到，这两者的互相学习、批判、补充和融合，为中国的医学事业，为中国人的健康人生无疑创造了福祉，也必将为全人类的健康福祉做出更大贡献。中医药科学家屠呦呦获得 2015 年诺贝尔医学奖即是这一实证。

从中西医结合的成功案例看，文化复兴与更新也应是类似这种关系。接下来，我们结合本书前三卷的建筑研究、建筑现象解读，再来具体考察苏州的城市意象、城市的空间特性与空间传播，探析一下它们是怎样与场所精神相互塑造，如何折射全球在地的文化复兴与更新？

## 2. 城市意象：历时性的场所

有学者认为，中国古人的"唯象思维"是《周易》的核心概念，在艺术方面，"象"通"象征"，中国艺术是强调象征主义的，从中式唯象思维和西方现象学的相通之处看，城市意象的探寻也具有历时性的意义。

《旧约·创世纪》说，上帝在创造天、地、光明、黑暗之后，便将地从水中分开。诺伯格·舒尔兹又说："在其他的宇宙进化论中，水是所有造型的原始本质。因此水的出现可赋予大地自我意识。在诺亚洪水的传说中，表现自然的失落是大洪荒。虽然水与场所是对立的，水仍亲密地属于活生生的事实。以媒介物而言，水甚至变成生命的象征。同时在天堂的意象中，四条河流自最中央的喷泉涌出。"的确，无论是水的自然属性还是象征属性，无论在西方还是东方，水都和天堂有关。被世人誉为"东方水天堂"的苏州，也许早于大洪荒时代，浩淼的震泽（太湖的古称）和海涌山（虎丘的古称）就已经开始一同造型苏州了。接着是大洪水时代的大禹奔走于这片被称为百越的荆蛮之地；三千年前，陕西

上图：民国时期的苏州宝带桥

来源：《苏州旧梦：1949年前的印象与记忆》。

岐山周人泰伯、仲雍率族人跋涉千里来此定居，为断发纹身、刀耕火种的百越蛮人带来了先进文明，始建勾吴；2500多年前，楚国人伍子胥"象天法地、相土尝水"为吴王选址兴造阖闾大城（苏州古城的原型）。即便是按另一派学者的观点，公元前484年，吴国建都城于苏州西郊木渎地区的丘陵之间，公元9年，王莽复古制，改吴县（汉朝时苏州称谓）为泰德，另建泰德城，此亦可认为是今日之苏州古城的原型。那么苏州古城仍堪称是在2000多年原址上没有变迁的中国城市中的凤毛麟角。再至唐宋的东南都会、平江城、元明清的苏州城，苏州以水闻名，以水围合，以水川流出一方城池，再与江南大地的泥土糅合，于是大地的自我意识在这方场所的历时性中不断加强，苏州及其自然地景塑造的城市意象也当然以水为第一主题。西方圣经描述的水天堂意象是中央喷泉涌出的四条河流，而东方水天堂苏州湖泊星布、河道网织，这里却是人间的天堂，全因造型的原始本质水的力量，城市意象就在这样的造型过程中显现能指。

苏州园林甲天下，晚明时期苏州城内的私家园林竟达200多处，现存的苏州古典园林中已有九座被列入世界文化遗产名录。苏州园林从早期的私家原型意象经过数百年的空间与文化的叠加更迭，成为今日之世人可以共享私家的造型意象。值得注意的是，"共享私家"可理解为众人在苏州园林这个私家原型里，体验属于各自的家庭中心的存在。从现象学来说，家是一种结构，被视为个人、家庭所熟悉的世界，同时，家就是个人世界中心的直接体现。进而可以说，家实际上是一个人为的场所，人类创造这个人为场所意味着在于表现存有物的本质。即海德格尔看来，我们的生活方式是被家的描述所定向和导引，家不仅是你曾经居住过的房子，它不是某种可以在任何地方，或者可以交换的事物，而是一个不可取代的意义中心。在传统中国，家是个人与天下、私权与皇权、血亲与宗族、家长与家眷的纽带；在现代中国，家是个人与社会、私权与公权、血亲与社群、丈夫与妻子、父母与子女的纽结。可以说，这个传统的意义中心造型的原型就是苏州园林。尽管皇家建筑也是属于皇帝个人的私家，却不是传统中国人向往体认的家，否则就是僭越，当然对于那些造反者例外。

因此，苏州园林超越了其他一切的传统建筑空间，成为国人集体幻想的理想之家。儒家"宅居礼制"与道家"化身空间"，组合为"宅园分立，儒道兼形"的苏州园林，通过曲折迷离的游园路径，抵达吟风颂月、诗书传家的厅堂；通过收容自然山水的营造，再现主人的案头勾画的佳境；通过主人的焚香、操琴、品茗、对酒、咏赋，书画地上之文章……，这些都成为理想之家的一串串中式符号。此外，在即便是高扬个人自由主义的西方近现代社会，比如那些思想大哲：卡尔·马克思、马克思·韦伯、马克思·舍勒、弗洛伊德、荣格、刘易斯·芒福德等人的事业大成，无一不是以家庭作为人生的支点。尽管当代中国人"共享私家"的美学幻想与苏州园林的使用功能、游赏尺度之间存在着断裂，然而，在协调家本位与个人本位之间价值平衡的时代进程中，苏州园林以家为存在空间，依旧为这座城市的意象提供再一种能指。

再通过历史地标建筑来回望中国近现代（鸦片战争至 20 世纪 50 年代初）的苏州，我们会惊异又满怀赞叹地发现：是宗教建筑撑起了苏州的这片苍穹，它们似乎尽力向上传递着这处场所的众生与上天沟通的祈望密码：建于南宋绍兴二十三年（1153年）的北寺塔、建于北宋太平兴国七年（982年）的双塔、建于北宋景德元年（1004年）至天圣八年（1030年）的瑞光塔，三座佛塔分别以75m、33m、54m的高度代表着这座城市试图去远溯正法时代，并指向末法时代，力图企及佛陀的天机；始建于清同治十一年（1872年）的使徒堂、始建于清光绪七年（1881年）的圣约翰堂、始建于清光绪十七年（1891年）的宫巷乐群堂，三座基督教堂的钟楼分别以16.2m、18.5m、21m的高度代表着这座城市向上帝的致敬，尽管它们的高度不及佛塔的一半，但正是这种近乎谦逊的姿态，令苏州的基督徒在聆听钟声的礼拜堂内可以翘首望见上帝之光的投入。在这个华洋杂处、中西兼容的近现代，苏州以皆自西方的佛塔和教堂钟楼这些历史地标，达成这处场所对宗教精神的摄入与对话。此为城市意象的又一种能指。

还有一类建筑与苏州城市意象高度关联，那就是桥。吴门桥：苏州最高的古桥，桥拱高近10m；宝带桥：苏州最长的古桥，桥长300多米；乌鹊桥：苏州最古老的桥，始建于春秋时期，距今已有2000多年历史；引静桥：苏州最小的园林桥，位于网师园，全长仅2.4m；太湖大桥：全国内湖第一长桥、全长4308m，等等。经考证，南宋《平江图》著录桥梁314座，明代苏州城的桥梁竟达329座。据2013年的统计，苏州市建成区、各类开发区和部分建制镇范围内的桥梁，共有4471座，其中民国以前（包括民国）的古桥为94座，其中有85座身处苏州的各园林中。从小桥流水人家迈入现代大城，我们不得不由衷赞叹，苏州是众桥之城，桥为水立，水以桥通。苏州城西的胥口镇有一老村，名为水桥头，普通的村落，诗意的村名，人在桥头，观流水来去。正是桥以其构筑形式与文化的所指，联接了历史与未来；正是桥，集结了苏州大地成为河流交织的地景，也集结了人对场所的贡献。引静桥、乌鹊桥、醋坊桥、黄鹂坊桥、带城桥、吴门桥、宝带桥、狮山桥、索山桥、金鸡湖大桥、太湖大桥、吴淞江大桥……，引领我们从私家园林走出、走过古城水巷街头、走遍苏州大城小镇、走向大湖江流、走向东海大洋。桥，堪称城市意象的另一种能指。

从历时性的场所视角，或许还有花窗、亭、丝绸、传统工艺美术、现代制造业、科技创新等这些传统和现代的苏州元素，都可以成为城市文脉背景下城市意象的探讨，因篇幅所限，不多旁涉，仍以最具意象性的四项：水、园林、桥、佛塔／教堂钟楼，作为场所精神讨论的要素。

## 3. 空间特性：共时性的场所

诺伯格·舒尔兹在《存在空间建筑》（中国建筑工业出版社，1990）一书中将存在的空间划分为这几个层次：地理→景观→城市与城市人工环境相互作用→住宅→用具。国内有学者结合这一空间层次特点，将建筑与空间建构的场所归类为以下三个层次：即场地（微观场所）、场景（中观场所）、地域（宏观场所）。

其中场地（微观场所）是人与环境发生关系的第一层级，也是建造的第一接触层级，因此也是人类行为对建筑系统最易把握的范围，体现在建筑与人的直接互动，例如：虎丘、苏州庭园住宅区、圆融时代广场；场景（中观场所）是从更广泛的视野中来看待建筑，关注的是新聚落群集的产生，必须与旧有建筑和空间骨架相呼应或结合，成为一个统一连续的片段，达成场景的和谐，例如：苏州古城区与苏州工业园区湖西 CBD；地域（宏观场所）是指人类聚居地发展到城市级别，反映了人类本身的社会关系，因而每个地域的历史延续和文化传承体现出不同的面貌，持续塑造着城市的个性与精神，体现在建筑与环境、人与文化背景的关联影响，例如：苏州工业园区、苏州中心城区。

从地域（宏观场所）看，苏州（中心城区的）城市格局呈现以古城（姑苏区）为中心，东西轴线为一体两翼（姑苏区居中，苏州工业园区和苏州高新区为东西两翼），南北轴线为一体三联（姑苏区居中，北联相城区、南联吴中区、吴江区），该六区布局结构似呈十字形，总面积达 2910km$^2$，总人口超过 1100 万人，其中常住人口近 700 万人；人口密度为 2468 人／km$^2$，其中古城区的人口密度高达 1.14 万人／km$^2$，不仅超过纽约，更是已经达到中国香港的两倍。

另据 1984 年统计数据，当时的苏州城区面积为 32.2km²，市区总人口 69.56 万人。苏州古城面积为 14.2km²，自建城至今的 2000 多年，苏州城市面积扩展了 205 倍，尤其是最近的 30 年间，呈爆炸式扩张了近 205 倍。并且最近 30 多年间，市区总人口也暴增 10 倍。这 30 年的苏州崛起壮大，是与改革开放大时代背景的中国复兴富强相伴随的，它既是中国的城市现当代发展史上的一个通例，也应有其独特的场所决定性结构。

从城市形态学视角，若给苏州城虚拟 3D 建模，以鸟瞰视野，我们会发现整个城市肌理体块结构呈中心凹陷式，即古城低凹嵌入四周高耸环抱的新城（高新区、相城区、工业园区、吴中区），又似呈十字花科紫罗兰绽放在苏州大地上，古城是花蕊，新城是花瓣，佛塔与教堂钟楼则是花蕊。再聚焦于古城区的街道纹理与路网结构，我们又会惊奇地发现，南北主轴人民路与东西主轴干将路贯穿古城区，以乐桥为中心交点又呈十字形。这是多么奇妙的一幅空间传播的当代图式！

当我们行走在苏州古城的平江路、山塘街历史街区，行走在南浩街、十全街、凤凰街、养育巷、中街路、皮市街、观前街等传统风格商业街区，行走在被阮仪三先生称为江南地区最完整的 54 个古城街坊的巷陌，可以探访一座座著名的古典园林，也可以寻觅园踪，去发现那些隐匿在深巷尽头的老宅庭园。我们可以看到，这些街坊又在形态学上实现传统风貌复兴的同时达成了现代功能的更新。例如 21 号、22 号街坊继承、发扬了传统空间组织手法，结合现代生活要求，采用现代建筑中的支持体系的灵活组合，解决了在比较窄小的街巷中安置各种市政管网的问题，为平江路历史街区荣获"国家历史文化名街"称号奠定了基础。又如 37 号街坊在文物古迹保护和传统风貌继承发展上，率先将保护性控制详规引入古城的街坊保护规划中，使定慧寺、双塔、袁学澜故居、官太尉桥等文物建筑与成片传统风格外观的现代多层式住区相结合，保持延续了古城的街巷肌理和空间尺度。这方面从场景（中观场所）的视域看，比较成功的还有位于 3 号街坊的苏州庭园住宅区和位于 12 号街坊的桐芳巷小区等。它们作为一处处新聚落又与苏州古城的空间骨架相结合，成为一个个连续的街坊片段。而圣约翰堂、乐群堂、使徒堂、救世堂、大新巷天主堂、博习医院、东吴大学、景海女学等基督教建筑也分布镶嵌在古城街坊之中，儒道精神的传统民居、古典园林、新苏式住区与基督精神的教堂、医院、学校交织并存，经由人民路与干将路两条主轴的十字形式结构，编织了一种"对话中寻求和谐，和谐中展开对话"的场所纹理。

让我们走出紫罗兰的花蕊苏州古城，走向五片花瓣的高新区（虎丘区）、工业园区、相城区、吴中区和吴江区。素有"真山真水园中城"称谓的高新区（虎丘区）东接古城（姑苏区）西临太湖，以狮山路CBD和科技城CBD为高点；中国首个"国家开展开放创新综合试验区"的苏州工业园区，以湖西CBD和湖东CBD为高点；现代农业、物流交通业为特色的相城区，以高铁新城CBD和活力岛CLD为高点；"人文太湖、山水吴中"的吴中区以东吴南路CBD和太湖新城CBD为高点；"丝绸之府、鱼米之乡"的吴江区以松陵镇CBD和太湖新城CBD为高点，引领我们从多区位高点的视野眺望苏州大地。我们既能看到这些新聚落的群集建成区联接苏州古城的内向式围合，又能看见它们外向太湖、无锡、海虞、昆山、湖浙辐射的吴越气象。从中华人民共和国成立之初的小城苏州，至1993年定位于"较大的市"，再到如今成为"长三角中心城市"，包孕吴越，融汇海外已成为当代苏州的大城气象。

再从建筑与城市传播视角，效法新加坡模式的苏州工业园区体现的国际现代风格及其时尚感与苏州作为江南水乡和历史名城所具有的固有印象产生强烈的对比。如"苏州中心"、圆融时代广场、东方之门这样的城市综合体，作为新植入的建筑、城市空间与古老的城市空间所形成的对比和反差反而使新、旧两方面的城市肌理都得到加强。而生成这些城市形态的驱动力来自苏州地方政府对"崇文睿智，开放包容，争先创优，和谐致远"这一城市精神的努力践行，坚持马克思哲学历史进步观，与全体市民同心协力把一座地级市苏州建设成这样"全球在地"的非凡城市。这让我们看到，苏州在经历中西方价值体系交遇和文化意识重组的进程中，也必然发生着其场所与场所精神历史性、内在性地重构。

## 4. 场所精神：雅量与融境

水、园林、桥、佛塔／教堂钟楼，是苏州古城意象最具代表性的四项要素，具体展开为：苏州以水的原始本质来造型城市；以园林的母题意象（家）向世界开放；以桥的跨越来克服阻碍，交换着不同空间与文化；以佛塔／教堂钟楼为宗教精神内在性重构的形态符号，所形成的空间认同感与方向感一同塑造着苏州的场所精神。

就雅量而言，正如古诗"水是眼波横，山是眉峰聚"那样，与另一座人间天堂杭州城的自然山水之美相比，苏州古城知道自己的水天堂里缺了一点山色，于是那么多的私家园林就作为一座座"城市山林"被典藏。以水为眼，以园林为眉，这种收纳山水、心游万仞的苏式美学、苏州雅量，看似不及那自然山水的大体量美那么显性，那么容易被通俗地感知，却是真正透着中国美学的精髓。而苏州的自然之水有太湖、有大运河、有小桥流水，与海洋和山泉相比，苏州的水不似海洋那样辽阔茫茫不确定，也不似山泉那样狭促激流、时有断续。苏州的水是包孕、并蓄、平和、滋养、生生不息，充盈着确定性又绵绵不绝，这种性状气质即为雅量。

再如，园林的母题意象是家，古代帝王的家是宏量的，士大夫文人的家是雅量的，贩夫走卒的家是轻量的。而传统中国的文化以儒道释为主流，主要是由士大夫文人来集结和传承的，因此，园林作为士大夫文人的家在明清之际成为鼎盛。园林与家就是建筑空间与场所的关系，园林苏州就是家苏州。可以这么说，今日五湖四海的游人来到苏州，来到园林就是回家看看，因为他们最心生向往的就是雅量的家。家文化或许是中国人对人类社会文明最重要的贡献，甚至远超那四大发明。因为，造纸术、火药、指南针、活字印刷术都是用来征服自然、记录文明的，而家是一种本体，是人在世的存有，是社会关系的核，是诗意的栖居，也是一切用的出发点。尽管，儒家传统的三纲（君为臣纲、夫为妻纲、父为子纲）导致家的专制文化的局限，甚至，家文化延续至今日中国，社会等级差序格局依然严重，以及熟人社会与陌生人社会的双重价值标准并行，这些负面效应仍未有多大改变，然而，在给予"三纲六纪"甄别扬弃之后，从现代公民社会的核心家庭仍不失包容性来看，我们会发现，园林作为传统中国的家，家作为最核心的场所，苏州作为中国家文化最典型的赋形场所，使雅量的场所精神于此呈现。

又如，目前保存最早的苏州古典园林、传统建筑大多为明清遗构，苏州古城空间肌理和街坊尺度也大体上保持或再现了传统风貌。以建筑现象学观点，苏州的明清园林建筑遗构和古城空间所传播的认同感和方向感使我们获得一种雅量的场所感。而放眼全国的诸多历史文化名城，其现存最早的历史建筑也大多为明清遗构，苏州在明清两朝曾经是中国第一大商业都市，这处场所的大都市基因及其存续至今的建筑、城市形态尺度包孕塑造了雅量场所。

就融境而言，前文还提到了桥、佛塔／教堂钟楼这两类城市意象符号，从空间向度看，前者的水平交通和后者的垂直沟通又形成了十字形文化坐标，使苏州因桥、佛塔、教堂钟楼在空间维度上、精神维度上形成交会交流、精神向上、对立兼容、融通天下的融境场所。

再进一步说，雅量与融境的空间媒介来自园林，正是园林奠定了苏州场所的决定性基础。园林、佛塔和教堂钟楼恰巧是以儒道释建筑与基督教建筑对立并存于苏州古城，这代表着近现代史上，中国传统文化与西方文化在苏州这处场所的并立、对话与交融。在此，笔者仅就园林、佛塔、教堂钟楼以及当代苏州地标东方之门所折射的场所精神提出一点观念性的思考。广义的苏州园林，其空间形制被称为是儒道兼形，如果剔除儒家形制的住宅部分，今天主要游赏的实际上是道家美学的狭义园林部分。前者的住居功能因难以适应现当代人的起居方式，已几乎成为过去时；后者则是中国人对理想家园美学的集体幻想，并因其显性的道家精神表现为中国传统个人主义美学的极致。佛塔代表着佛教徒对佛陀的纪念，对西天高度的企盼。这道、释两家在人与社会的关系上强调"去社会化"，倾向于社会解构式；而基督教教堂钟楼代表着基督徒对上帝的祈望来拯救人世，基督教源流发展出的新教伦理与现代文明在人与社会的关系上力图"社会平等化"，倾向于社会建构式。简言之，园林、佛塔和教堂钟楼就是以这样对立的两种精神并存于百余年来的苏州，或以儒家的中庸底色作为两者的调和之道。如果说，至此的雅量讨论主要涉及苏州的融古今之境，那么接下来还应论及苏州的融中西之境。

有关融境苏州，东方之门则必然再次进入我们的视线。东方之门以金鸡湖湖西CBD东西轴线为中心对称，门洞正坐落于轴线上方。302m高的几何曲面门式形体嵌套了一个虎丘塔的轮廓作为其内轮廓，既意喻着它来自苏州园林及苏州地域文化的经典原型，又结合了国际现代主义超高层建筑的结构美学、视觉美学，呈现一种雅量的体量感，传达了走向世界的苏州新门户的喻义。东方之门的立面幕墙在国际风格上赋予苏式意象，双塔东西表面的弧形幕墙犹如苏州的丝绸一般，从塔顶一坠而下，气象非凡。南北侧立面及内拱的幕墙设计明显区别于东西立面，利用光照阴影以含蓄的效果与率直的东西立面互为质地映衬。建筑的玻璃穹顶以流畅的曲线，将东西幕墙自然而光滑地连接一体。更精妙的是该玻璃穹顶下建有两座苏州古典式园林，古与今、东与西在此皎映同辉、交遇融合，它象征着人类现代科技对自然的驾驭与回应，又象征着苏州的城市意境、场所精神在历史性、内在性地重构中的不断提升致远。并且，东方之门作为象征现代园区与园林古城交映共生、互动发展的一座空间双面体，作为一处融境中西方的城市地标节点、集结之门，正在塑造着苏州的"全球在地"（Glocal）之意象。

如果将苏州的城市精神"崇文睿智，开放包容，争先创优，和谐致远"投射到建筑场所，那么园林、佛塔、基督教建筑就寄寓着"崇文睿智，开放包容"，东方之门则寄寓着"争先创优，和谐致远"。这16字的城市精神也折射出文化复兴与更新进程中的一种苏州信念。当然"和谐致远"还能通过"水与桥"来实现。桥对于苏州，对于中国人而言，是传统江南的一个显性符号，"小桥流水人家"是苏州人传统生活世界的美学场所，它也寄寓着古往今来无数国人对心灵家园、诗意故乡的款款情愫，令人难以忘怀。而桥作为一处人工构

筑物始于与水相伴，水又是一切造型的原始本质，那么，桥作为一种人工造型是离原始本质最近的，硬质与软质、量感与轻柔、稳固与流动、跨越与阻隔、交换与分离、归来与出发等，这些二元语词的对比皆可指向"和谐致远"。"和谐致远"就是桥与水一起相知相守，一起静思通行，一起迎来送往，一起朝向远方。也许两者的方向并不一致同行，但总有交会的地点。当这些节点、地点被我们往复地寄寓认同感、方向感时，融境苏州就在这水桥头，更在世界的那头。

---

对于人类而言，生存是一个自我形成和自我超越的永不停歇的过程。……人类古代礼制活动的机械韵律很可能有助于古人类避免走入极端疯狂。礼制活动还在空无一物的世界里创建了秩序与意义。后来还在秩序与意义消失的地方帮它们恢复重建，还给人类提供些微能力掌控自然，更掌控自身的非理性躁闹。……人类是一个自我制造的动物，也是最重要的，他是唯一不满足其生物构造的生命，也不满足于一再沉默地重复着动物的角色。生命的这种特别形式的主要来源不是火、工具、武器、机器，而是比这些更古老的两种主观性工具：即梦想和语词。

（刘易斯·芒福德）

上图：东方之门东面湖景

下图：东方之门西面"苏州中心"商场

第五卷

# 场所复兴

Volume Five: Revival of Suzhou Place

现代文明的一项意外的、潜在的成就在于：将神的存在转移到神性之于人性的存在。即便现代人们说，神是人造的，这也意味着人性中存在着神性。

# 导言

诺伯格·舒尔茨在场所精神的研究中，将人为场所中的建筑分为浪漫式、宇宙式、古典式与复合式，并认为："人类聚落的场所精神事实上代表一个小宇宙，城市之所以不同是因其集结的情形而产生。有些城市很强烈地感受到大地的力量，有些则是天空秩序的力量，还有一些则表现出人性化的自然或充满着光。这意味着定居于自然的场所精神，同时透过人为场所精神的集结向世界的开展。……在任何情况下，强势场所必须与敷地、聚落和建筑细部有一种意义非凡的关联性存在。"而苏州正是以自然与人为的场所复合式，体现了这种意义非凡的关联性，并以"全球在地"将风土的顺应与都市的诠释融合一体，塑造的场所精神回应了诺伯格·舒尔茨提出的"创造性的参与所产生的结果构成了人存在的立足点，人类的文化"这一命题。

笔者记得高中时语文老师曾说："文学即人学"，当时就有启蒙的感觉。那么，如此说来，建筑学即人类学，这是我现在的兴趣所向。而建筑与城市传播从广义上说，既存在人学与建筑、城市，也存在人类学与建筑、城市发生关系的传播；人学可以通过建筑、城市反映人类，人类学也可以通过建筑、城市解读人。而这些反映、解读，因此又必然与场所精神乃至场所复兴相关联。本卷以哲学人类学为主要视角，面对场所精神遇见全球在地，以及消费主义全球化境遇的当下，通过对普遍的人性的一种观察探析，回应建筑现象学有关场所精神的核心诉求：人于场所的存在及其意义；并以场所复兴作为建筑与城市传播的议题、背景，展开有关人性、神性、自由、创造与人类文明一体化的思考。

## 1. 全球在地的意象之融

"十字形标志是最古老的，可能具有大量神秘意义。十字形是远古就存在的普遍符号，代表了太阳。作为巴比伦太阳神的最重要的标志，通常与外接圆组成太阳轮。另外十字形也象征了生命之树，是一种生殖符号，竖条代表男性，横条代表女性。横的代表阴，竖的代表阳。十字架于431年被引入基督教会，586年开始被立在教堂顶端。此外，十字形在中国表意字符中反映的是大地，这是一个带着方框的等边形。"

这一来自百度百科的词条告诉我们，十字形是与太阳和大地，与生命之树，与阴阳关系以及与基督精神有关。而前文提到的十字形与古城苏州，与现代苏州奇妙地嵌合为一幅当代图式，并且当代苏州的场所图底也以十字花科苏式紫罗兰呈现出来。与此同时，苏州气质的刚柔并济、圆融共适，恰好将圆融的阴阳二元（太极图）与刚健的十字形构成意象关系的互动。阴阳太极图是将二元对立关系互相转化并融合一体化，而十字形是将二元对立关系直接正交并融通结构化。由此，传统文化与西方文化形成了融合与融通的一种整合，"融"之新意象生成于"全球在地"的场所苏州。譬如，从近百余年来基督教建筑在苏州的生成看，本书第二卷曾提及苏州当代新建的基督教堂在风格上大多是取法哥特复兴式，这一风格样式甚至早于那四座苏州历史遗产基督教堂的风格样式。那么，为什么当代苏州人会有这样的选择和兴造呢？笔者认为，一方面从审美心理来说，哥特式是西方中世纪的建筑样式对于当代苏州人具有完全异质的美学魅力，它满足了苏州当代基督徒对古典西方，对基督教经典空间的符号审美需求，以求融合，正如美国纽约大都会博物馆内展示东亚文物的场馆是苏州古典式园林"明轩"，而非引进人民大会堂或苏州颜文樑纪念馆这样的中国现代建筑样式；另一方面从场景（中观场所）来说，当代苏州新建的这三座哥特复兴式教堂是位于高新区（虎丘区）、独墅湖科教创新区和工业园区阳澄湖南岸，而哥特复兴式教堂嵌入这样的现代空间，与其骨架呼应形成连续的片段，融入现代苏州的空间场景，以求融通。不过，也有人更认可那座现代极简主义风格的相城基督堂与苏州新城区空间的意象之融。

## 2. 苏州外向型经济格局与科技创新转型

可以说，十字形与阴阳二元的意象之融在苏州这处场所的投射早已超越宗教范畴，它以一种城市文脉的交织纹理嵌入了全球在地苏州。并且我们看到，无论是十字形与古城苏州的图式，与当代苏州的图底，还是与传统苏州意象之融，它们的绘制、谱写、嵌入，更多是在中国改革开放的 40 多年来，尤其是自 20 世纪 90 年代以来，苏州以中国特色社会主义为实践之路，力主外向型经济模式，以连续十多年位居中国城市吸引外资（制造业）的榜首，这样的飞跃发展大格局中展开的。这些上万家外资企业中的世界 500 强就有 151 家，它们来自美国、法国、英国、德国、荷兰、瑞士、瑞典、芬兰、挪威、瑞典、加拿大、澳大利亚、日本、韩国、中国香港、中国台湾等国家和地区。这些外资企业与苏州本土产业交融并进，不仅是资金、设备、物料、人才、市场、管理上的引进、开发与运作，更是这些显性要素背后的文化意识、体系规范、价值观念等隐性要素方面的融通融合，它们在苏州大地上共同编织着一幅苏式紫罗兰的当代图卷。再来看看以下与苏州城市传播有关的最新指标：

@ 联合国教科文组织所属的"世界遗产城市组织"于 2018 年授予苏州"世界遗产典范城市"称号；

@ 英国《经济学人》智库（Economist Intelligence Unit）的 2018 年世界宜居城市评选中，苏州被评为中国大陆最宜居城市；

@ 英国牛津经济研究院发布《全球城市》报告，到 2035 年，苏州将位列全球城市经济版图的第 18 名；

@ 全球十大管理咨询公司美国科尔尼发布《2018 全球城市指数》报告，在全球潜力城市指数排名中，苏州位列中国第五名（仅次于台北、北京、深圳、香港），全球第 55 名；

@ "中国社会科学论坛"新型全球城市国际研讨会发布《全球城市竞争力报告 2018—2019》中，苏州排名中国城市第六名（仅次于深圳、香港、上海、广州、北京），全球第 27 名；

◎ 全球化与世界城市智库（Globalization and World Cities）2018 世界城市排名榜中，苏州入选全球二线城市；

◎ 福布斯中国（Forbes China）发布"2018 创新力最强 30 城市排行榜"，苏州位居第三（仅次于深圳、北京）；

◎ 社会科学文献出版社《中国城市创新竞争力发展报告（2018）》蓝皮书显示，中国城市创新竞争力排行榜上位居第六，（仅次于北京、上海、深圳、天津、广州）；

◎ 2018 仲量联行《中国城市经济竞争与发展综合评估》将苏州列入中国一线城市，与武汉、杭州、成都、重庆、天津、南京、台北并列（北京、上海、香港、广州、深圳为世界一线城市）；

◎ 2018 中国城市财力 50 强排行榜中，苏州位居第六名（仅次于上海、北京、深圳、天津、重庆）；

◎ 2018 年"中国最佳旅游目的地城市排名"总榜单上列第三（仅次于上海、北京）；

◎ 2018 年苏州市 GDP 达 18564.78 亿元，位居江苏省第一，全国第七，人均 GDP 超 2 万美元；

◎ 2018 年苏州外贸总值超 3000 亿美元，位列全国第四（仅次于上海、深圳、北京）；

◎ 据《英国每日电讯报》，根据联合国 2010-2020 之间的预测数据，世界人口增速最快的 20 座大城市的榜单中，苏州位居前列；2018 年末苏州户籍人口 703.55 万人，登记流动人口 698 万人，外籍人士近 6 万人，是仅次于深圳的中国第二大移民城市；

◎ 2018 年苏州的国家"千人计划"累计达 250 人，其中创业类人才 131 人，居全国城市首位；省双创人才累计达 782 人，连续 12 年位列全省第一；去年新增省双创人才（团队）91 人；新增市级重大创新团队 4 个，姑苏领军人才（团队）194 个，同比增长 32.9%，创历年新高，累计达 1206 人；市、县两级累计引进资助 6200 多名高层次人才在苏创业；

◎ 2018 年苏州全市累计有高新技术企业 5416 家，省级民营科技企业达 15531 家，省级以上企业研发机构超 1400 家，全市大中型工业企业和规模以上高新技术企业研发机构建有率达 94.6%，位居全省第一。2018 年，苏州市落实重点创新政策为企业减免税收 138.79 亿元，同比增长 21.27%；

◎ 在"第五届全国文明城市"评选中，苏州成功卫冕实现"四连冠"；

◎ 苏州工业园区是全国首个开展开放创新综合试验区，位居 2018 年国家级经济开发区 30 强排名第一。

如果将这些指标与中国的 330 多个地级市比较，苏州早就力拔头筹。要知道，自晚清民国，上海崛起为中国第一大商业都市，苏州曾经一度快速跌落，至中华人民共和国成立时，苏州落魄为一座典型的消费型老城，产业经济不如省内的南京和无锡，甚至在 30 年后的改革开放初期，苏州的工业经济不如常州。但是自 20 世纪 90 年代，成千上万的外资企业陆续落户苏州，尤其是以中国、新加坡合作的苏州工业园区的启动为标志，外向型经济蓬勃振兴，苏州迎来了经济的崛起和城市的飞跃。近年来，苏州地方政府再度调整发展战略，从重点引进外资企业向重点发展科技创新转型。由此，苏州正朝向创新型城市，展开二次飞跃。

## 3. 消费主义全球化境遇中的抵制

同时，也不应忽视，消费主义全球化对苏州人、对场所苏州乃至当代人造成的负面影响。本书在圆融时代广场一文中探讨的"消费人"、"消费的救赎"现象，在当下也越来越呈普遍性。譬如：笔者曾经问过一位刚走出校门的硕士毕业生，她的人生理想是什么？她几乎不假思索地回答：40 岁之前实现个人财务自由。于是，我又追问，财务自由实现后干什么呢？她回答说，就去环球旅游。

这样看来，之所以大家都向往旅游，就是向往一种"自由"的状态，哪怕这种"自由"仅是暂时的。再从哲学人类学角度看，自由是人类超越动物的主体诉求，因为动物的生命是由大自然完全控制的，只能以肉身和初级意识的本能方式存在。动物体验的大都是消耗型快感，唯一的生产型快感就是交配，这是为了下一代继续获取消耗型快感而繁殖。可以说，动物的一生就是占有、消耗、繁殖的自然化的一生，它们不具备思考生命、反思自身的高级意识，即精神。而唯有人类才独具这一精神意识，因而才有对自由的诉求，才有对自身自然状态的一种主动改变或超越，即所谓人的创造。因此，可以说，自由的最高价值在于创造，自由的最高体验在于创造的体验，自由的最高实现在于对自我的超越。

遗憾的是，我们却看到，人们对"财务自由"的热衷、对环球旅游的兑现，恰恰是消费主义全球化的一项显现，按英国学者斯科特·拉什（Scott Rush）和约翰·厄里（John Earl）的观点，这是"财力交换视觉财产"。进而，这也正是以短暂视觉财产的"空间征服—空间占有—空间消费"来延伸身体消费（消耗）。可以说，旅游是消耗型快感的高阶，饮食则是消耗型快感的初阶。很多人却并不认可旅游是消耗型的，甚至认为这是一种自我实现。在马斯洛（Abraham Maslow）的"人的五大需求层次金字塔"中，自我实现是最高阶的，但他并未对自我实现的不同方向做出价值评判。笔者于此设问，在对人的终极价值的判断尺度上：是自我实现以自我消耗为止，还是自我实现以生产创造为始？当然，亦不能否认，旅游具备增长见识阅历、丰富人生美好体验、促进人类交流共处等积极价值。再进一步追溯当代人难以止歇的旅游心灵，它一方面是回归游戏精神，一种对人类初民的采集狩猎生存状态的美学回归，在采集狩猎时代，初民的生产创造仅是为了满足生存消耗，所以，那个时代的美好就是游戏精神的最佳体现；另一方面是为了摆脱令人厌烦的身边近况，以对环境、生态造成的压力与危机为代价，追求无止境的空间占有欲望。此外，消费主义全球化企图掩饰日益加剧的人类财富向寡头集中的极化现象（世界上3%的人口掌握的财富，甚至多于所有不发达国家的生产总值之和），并以旅游作为一种对自由的消费来表现人类的不平等似乎正在改善。事实上，今日人类文明进程的某一方面，体现为人格不平等的不断改善与经济不平等的不断加剧这一矛盾关系，两者之间的张力正困扰着人类进步的方向，因为它最终涉及对"生命的意义"的诉求，而消费主义全球化则企图扮演"生命的意义"本身。

在这个多元人生价值观的时代，有关物质消费、空间消费、对人生的经济核算以及对自由的理解这些方面，有越来越多的人像这位硕士一样，把人生愿景很大程度上体认到"消费人"、"早日实现财务自由"这种"异化"的人生轨道上，尽管她应是有道德底线的勤劳快速致富。于此可见，马克思有关"资本主义对人的异化"的观念，可谓历久弥新，发人深省。但更可怕的现实是，这一"异化"正在"常态化"，拒绝成为"消费人"，拒绝"早日实现财务自由"才被认为是"异化"。而"早日实现财务自由"实际上是个欲望黑洞，它让权力者渴望权力寻租，让知识分子急于知识变现，让普通劳动者不甘心一分汗水一分回报。甚至可以说，它就是吸附今日人类尤其是中国社会堕入道德危机的一个蛊惑性势能。美国学者大卫·克里斯蒂安（David Christian）在《时间地图》一书中说："只要我们仍用消费资本主义（永无止境地消费更好的商品）所教导的方式去理解所谓的美好生活，那么这种信念就不会消退。改变对于美好生活的定义也许是迈向与环境保持更加可持续关系的重要一步。"如今，旅游已创造了人类最大规模的产业，这既是消费主义全球化、早日实现财务自由对自由的一个定义，也是场所体验的一大消费需求。应该说，适度的、有止境的旅游是可以成为我们生活方式的一部分，毕竟，旅游作为一种不同于定居的场所体验，来源于不同的场所叙事。而不同的场所叙事的魅力，就在于不同的生活方式及其场所精神。笔者曾在《当苏州园林遇见北美城市》（中国建筑工业出版社，2015）的"后记"里提到反对全球化。其实，当时用词不严谨，我的本意就是抵制消费主义全球化。

此外，学者赵敦华在《马克思哲学何以是当代世界的哲学》一文指出，马克思早在150年前的《共产党宣言》中就预见了全球化，而《纽约客》杂志1997年10月20日号上刊登了专栏作家约翰·卡西迪（John Cassidy）与一位牛津大学同学的谈话。这位同学在华尔街的投资银行任高管，在他的豪宅里，他说："在华尔街待得越久，我就越肯定马克思是对的。诺贝尔奖正在等待复苏马克思并将其整合成融贯模型的经济学家。"卡西迪以为他在开玩笑。他认真地给出理由："马克思精彩论述了全球化、不平等、政治腐败、独占、技术进步、高级文化的衰落，当代经济学家们正在重新思考这些问题。"在资本的世界扩张主导下的全球化境遇中，如何应对政治问题、文化问题，也是马克思哲学面向全球化为人类贡献的思想资源。马克思哲学的合作者恩格斯在1890年9月致布鲁赫的信中说，历史发展"最终的结果总是从许多单个的意志的相互冲突中产生出来的，而其中每一个意志，又是由于许多特殊的生活条件，才成为它所成为的那样。这样就有无数互相交错的力量，有无数个力的平行四边形，由此就产生出一个合力，即历史结果。"笔者认为，这也是我们在抵制消费主义全球化的同时，朝向人类文明一体化，朝向对"生命的意义"追寻的一个信念支持。

所谓场所复兴，不仅体现在传统空间与现代空间的交融对接，还应体现在文化复兴与更新的思考与实践上。如果说，"全球在地"是一个场所得以复兴的一种模式，那么，它并不是因"全球"就时尚，因"在地"就宜人，而应采取的态度方法是：传统封建专制的那一套要摈弃，消费主义全球化对人的异化的这一套也要抵制；世界（人类）文明一体化要推进，地域（民族）文化多元化也要存续。面对"经济'科学'已经事实上成为了现代神圣的宗教的今天"，倡导人类共生主义（Convivialism）的法国学者阿兰·迦耶（Alan Gaya）说："一旦我们认为人类的问题都是关于'匮乏'的问题，就会生产更多的物质资料，事实证明，无休止的资料生产在面对人类欲望时永远都没有终点，这无助于解决人类的问题。一旦物质资料的生产超过了某个阈值，寻求认同或认可才是人类一切行动的原因和目的。"所谓消费主义全球化境遇中的抵制，即：只有意识到任何消费、任何早日实现的财务自由、任何经济的唯增长都无法最终取代、消解"生命的意义"这一人类共识，才有可能超越"消费人"，超越"早日实现财务自由"，超越"现代理性的经济人至上"的普遍困境。同时，希望传统文化也能激活多元化的优秀遗产因子，参与这一共识，开启我们的场所复兴。阿兰·迦耶还认为："首要之务不是提出具体解决方案，如振兴经济或降低失业，而是学科和哲学的更新。"

## 4. 人类文明一体化的基石

所谓场所精神遇见全球在地，正需要我们去思考、探索人类文明一体化。笔者认为，现代文明的一项意外的、潜在的成就在于：将神的存在转移到神性之于人性的存在。即便现代人们说，神是人造的，这也意味着人性中存在着神性。正如英国学者彼得·沃森（Peter Watson）在巨著《思想史：从火到弗洛伊德》中所言："灵魂理念比神的理念更经久不衰，甚至可以说，灵魂理念的演化超越了神，超越了宗教，因为连没有信仰的人，或说尤其是没有信仰的人，都会关注内心世界。"因而，神性可以是灵魂理念的一个历久弥新、演化更新的方法论。此处需要说明，本书所涉的神性为广义的，与宗教有关，又穿越宗教；与精神有关更与人性有关。但神性并不等同于灵魂，在笔者看来，神性是灵魂的正能量体现，而灵魂的负能量则体现为（基于人性中兽性的）魔性。

哲学人类学奠基人马克思·舍勒（Max Scheler）曾于 1925 年的《知识形式与教育》演讲中说："作为生物，人毫无疑问是自然的死胡同，同时是自然的终结和最高程度的浓缩（笔者按：此处的自然应指人的动物性）；但是，作为可能的'精神生物'，作为上帝可能的自我显示，作为通过积极参与世界根据的精神活动能够'神化'自身的生物，人就不仅是死胡同，人同时还是走出这条死胡同的光芒和壮丽的出口，是原始存在能通过他开始了解、把握、理解和拯救自身的生物。因此，人同时具有双重特性：死胡同与出口！"可以说，"死胡同与出口"即对应（人性中的）兽性与神性。孙中山先生在 1923 年的《国民应以人格救国》演讲中也指出："古人所谓天人一体，依进化的道理推测起来，人是由动物进化而成，既成人形，当从人形更进化而入于神圣。是故欲造成人格，必当消灭兽性，发生神性，那么才算是人类进步到了极点。"

近百年后，美国认知心理学家史蒂芬·平克（Steven Pinker）在《白板：科学和常识所揭示的人性奥秘》一书中认为："我们的本性是善良的还是邪恶的？那就是在误导人们。人类的行为是灵活的，因为他们具有预设的程序：人类头脑内部存在着合成软件，能够产生无限多的思想和行为序列。人类行为可能因文化不同而存在差异，但生成行为的心理程序在构造上并不一定存在差异。明智的行为可以被个体成功掌握，因为我们拥有先天的能够学习的系统。同时，所有人都可能同时具有善良和邪恶的动机，但并不是每个人都会按照同样的方式将它们转化为行动。……对于人类的许多弊病来说，一方面人性既是问题所在，另一方面它也为我们提供了解决问题的出路。"

由此可见，人性中的兽性是没法彻底消灭的，但它与神性可以是此消彼长的关系。也正是这两者此消彼长的程度决定了人性的可靠度。可以说，人类所依靠的自由、民主、平等、正义、博爱、和平、宪法、科学、真理、意义、拯救、和谐、中道、诚信、进步、创新等这些普遍价值，正是人性中的神性的实践性、创造性体现。

尽管曾经身处 20 世纪先后两次世界大战的创伤年代，刘易斯·芒福德说："如果人类在进程的另一头发现了神，不是作为支撑整个生命结构的基础，而是作为尚未完成的塔尖，那么这个世界的发展和人类生命本身就开始采用一种理性的形式；因为人类的事务不像积极创造的神性，而是仅仅成为一种冥想。按照最终宿命来看，发展的更早期阶段到目前为止都没有意义和价值，甚至是狂暴无理的，但即使这样，还通过神性的预言变得更加重要。这个神性产生于人类精神自身，但是从未感到舒适，它在人类从动物进化成人的过程中起到了推动作用，这个推动比文化本身发展起到的作用更大。这种未完成的、还在进化中的神性从未主宰过宇宙，其如今的状况也绝非是它导致。但是由于它的出现，人性本身经历了一种转型，这种转型本来是不需要思考的。"可以说，神性的力量对于现代人类而言，正是对进步观的启迪推动，即在于为每一个人乃至人类的精神进步、观念进步、更新自我、超越自我，乃至文明的进步与共生的一体化注入永不止歇的力量源泉。但值得注意的是，有后现代主义者指出，"进步"有可能被政治统治策略所利用，所以应取消"进步观"。然而，从某个角度看，法学家詹姆斯·麦迪逊（James Madison）认为："除了集中反映出人类本性以外，政府还能是什么？……如果人们都是天使，那么政府将没有存在的必要。如果由天使来管理人们，那么政府既不需要外部控制也不需要内部控制。"因此，所谓的进步观，也基于对人性的一种人文结合科学的深度考察以启迪应对之道，而非被取消。

如今，在文明一体化与文化多元化的共生前提下，当我们承认人性之中有神性，也就会去对应理解中国文化的"仁"。在作为灵魂理念的方法论层面上，可以说，神性涵盖了"仁"，并指向高于人类的合法性的一种秩序（法则），即指向全人类的"唯一真"。当然，这样的比较，并不是说西方的神比东方的圣要高明，也不是强调西方文明就高于中国文明，而是面对"全球在地"的当下形势，提出一个人类学的基础性思考。况且，孔子不仅提出"仁"，还认为"祭神如神在"。这也意味着孔子对"神"的存而不论，隐含着他从人性中的神性开启对"仁"之立意的可能性。或许，这一隐含可能性也与他是尚鬼神的殷商贵族后裔以及推崇周礼有关。而周礼来自"周代综合了夏商两代的政治制度，主张'天视自我民视，天听自我民听'（《尚书·泰誓》），既坚持了以农为本的世俗政策，又引入君权神授的意识形态，将之改造为君王通过百姓的视听而奉行天意的政治合法性"（邓晓芒语）。其实，无论是犹太—基督宗教与古希腊科学、哲学孕育的"唯一真"及其文艺复兴、现代性，还是东方上古神话、儒家伦理以及西亚、埃及、印度、伊斯兰世界等人类的神话、宗教叙事与文明传承，或是现代科学的递进发现、人文主义的不懈努力、社会主义的探索实践，这些都在为全人类的"唯一真"贡献着方法论。可以说，"唯一真"就是关于永恒。马克思·舍勒在《论人身上的永恒》一书中引用亚里士多德的概念说："哲学起源于心灵对'根本上'，有恒常本质这一事实的惊讶感。"爱因斯坦也说："这个世界的永恒的神秘是它的可理解性。"

今日科学发现，物质世界不是永恒的，有开始也有终结。人的精神却一直在追求永恒。也正因为有了精神对永恒的追求，人类的创造欲望才有了新方向。一言之：永恒存在于精神而非物质。另一方面，如果缺少了对物质的不懈探索，人类就意识不到永恒仅存在于精神。或通俗地说，永恒这一概念来自于人类是地球生物中唯一会思考死亡，会思考生命意义的物种，因此人产生了对逃避死亡或超越死亡以及对生命是否有意义的追问。对于逃避死亡，人就希望此生尽量占有；而对于超越死亡或诉求有限生命的存在意义，就是追求永恒，追求永久美好，这使人对生殖之外的创造更加诉求。

再进一步说，人的创造活动的目的是为了自由，人实现自由的目的是为了创造。如果创造的目的是为了让自己更多占有，人就会更恐惧死亡，感受不到创造活动赋予有限生命的自由意义；如果自由的目的是为了让自己更多舒服，人就会更依赖消耗型快感的占有，并尽可能逃避必须经受痛苦感的创造活动，沦为虚无主义的自由囚徒。所以，自由与创造应互为目的，两者携手同行于自我更新、自我超越的人生之旅，无限逼近永恒这一目的地，追寻生命之终极意义、终极之美。而对生命意义的追寻，通俗地说，就是让我们定义：何为美好的生活？譬如：从场所精神而言，诺伯格·舒尔茨说："我们必须重申人最基本的需求是体验他的存在是具有意义的"，并引用了英国哲学家阿尔弗雷德·怀特海（Alfred North Whitehead）的话："艺术的进步是在变迁中保存秩序，并在秩序中产生变迁"。进而，他认为："自由并不是任意地玩弄，而是具有创造性的参与。"

此外，以色列学者尤瓦尔·赫拉利（Yuval Noah Harari）说："人类之所以能够控制世界，是因为合作的能力高于任何其他动物，而之所以有那么强的合作能力，是因为他们能够相信虚构的故事。"从这个角度上说，永恒就是人类最高级的虚构故事（概念）；从爱因斯坦的定义看，永恒给予我们的是一种心智体验，即通过对应宇宙的终极秩序来探索永恒。也可以说，永恒就是我们对秩序的最高诉求。但如果说，人类虚构故事就是为了控制世界，那这就仅是一种工具性、功利性的目的，却无法绝对地控制死亡。这是在回避"人类为什么要虚构永恒？"这一对生命意义的追问。

尤瓦尔·赫拉利在《今日简史》中否定"永恒"，并认为："根据佛教的说法，宇宙有三个基本现实：一切事物都会不断改变（诸行无常），一切事物都没有永恒的本质（诸法无我），没有什么能永远令人满意（诸漏皆苦）。就算你能够探索银河系、探索你的身体、探索你的心智，即使你探索的再远，也无法找到永不改变的东西、永恒固定的本质，更无法得到永远的满足。人类之所以会感到痛苦，常常就是因为无法体会到这一点，总觉得在某个地方会有永恒的本质，而只要自己能找到，就能永远心满意足。……如果有人对此越执着，最后找不到的时候也就越失望、越痛苦。更糟糕的是，人越执着的时候，如果觉得有人、团体或机构妨碍自己去追寻这些重要目标，所生出的仇恨心也越大。"笔者认为，首先，赫拉利先生如果认同并坚信佛教的"诸行无常、诸法无我、诸漏皆苦"，那么，其实这一信条本来就是与永恒有关的一种思考诠释，或者说，他的这种认同或坚信正是在寻找永恒。

其次，就物质时空（宇宙）而言，的确不存在永不改变的东西，不存在永恒固定的本质，也无法使人永远心满意足；但就精神时空而言，永恒是一种精神的终极力量（秩序）的存在，它驱动着我们不断探索未知、追求进步、更新自我、永不满足。而能感受、获取甚至生长这一精神力量的，恰恰是人性中的神性。

再次，如果有人因自己找不到永恒而痛苦，或因诉求永恒而对他人心生仇恨，那么，这并不是因为永恒让他痛苦，也不是因为他太执着己意，而是因为他还未能清晰地认知：何为永恒？当然，赫拉利先生或许会否认存在精神时空，那么，这至少说明他在对人类虚构故事（概念）的定义和价值判断上自相矛盾，更不用论：（心理）科学是否认可精神维度（精神时空）的存在，或人类是否认可这一虚构概念？

或许有人会问，中国智慧概念"生生不息"是不是"唯一真"？是不是"永恒"？笔者的看法是："生生不息"一般是指对自然的观察与体悟，倾向于从物质世界解读生命，这也为探寻"唯一真"提供了一个方法论支持。另一方面，"唯一真"是超越物质的精神价值论，它指向永恒法则。当然，广义的"生生不息"也有精神的传续之意，但这个传续路径并不强调进步观，且更倾向于历史循环论。而只有通向精神永恒的人类之路才会有进步观。限于篇幅，笔者在此就不展开讨论。有兴趣的读者可参阅《古典空间里的欲望困境》（中国建筑工业出版社，2018）此外，中国精神的"天人合一"不仅是天人感应、人与自然的和谐，还是人与大道贯通，追求一种精神与自然互为印证的永恒，这却是西方传统中缺失的。因此，"天行健，君子以自强不息"就是通向精神永恒的人类之路的一项参与。

或许还有人会问，"唯一真"、"永恒"是否离我们普通人很遥远？其实，放到生活层面去体会一下"唯一真"，譬如：不随地吐痰、不乱扔垃圾、不闯红灯、不占用消防救生通道、不作恶、推己及人、救死扶伤等，这些有关个人的文明素养、制度规范与道德风范已是普遍共识，也是"唯一真"在形而下的一个个细节的微观。另一方面，从信念到信仰，"唯一真"的形而上就是永恒，它高于人的素养与制度道德范畴，指向对永恒的神秘的探索认知、以求共识。此处有一个延伸思考：究竟是人性中的神性塑造了永恒，还是永恒为人性注入了神性？笔者认为，这取决于我们对人性、对心智、对宇宙的不断探索来解析神性与永恒的神秘所能达到的程度。此处，之所以用神性对应永恒，而不用永恒性对应永恒，是因为对于人性而言，永恒性的人格化指向神性。

直至今日，在文化意识方面，不同的信仰之间的矛盾甚至排斥关系依然紧张；有主流宗教信仰的民族、国家与无神论世俗民族、国家之间对神圣观念的彼此认同依然对立。譬如："911事件"发生后，费孝通先生曾指出："西方文化价值观太轻视文化精神，不以科学态度、实事求是的精神去处理文化关系"。

这里的"以科学态度、实事求是的精神去处理文化关系",实质上就是应坚持并丰富现代文明的人类普遍价值来面向全球化,只有这样才是尊重、融通、融合多元文化精神的全球化。并且,郑时龄先生辩证地指出:"现代性不是西方中心主义,不能以西方的思想和发展道路作为所有国家都应遵循的模式。然而,现代性并非是可以随意选择和抛弃的东西,它仍然包含着社会发展的内涵。"值得注意的是,尤瓦尔·赫拉利在《今日简史》中定义了世俗主义道德准则:真相、同情、平等、自由、勇气和责任,并认为这些也是现代科学和民主制度的基础。实际上,这些体现了传统宗教性、传统世俗性(或无神论)与现代性叠合的一部分。与此同时,"全球在地"又是世界(人类)文明一体化与地域(民族)文化多元化这样的全球化趋势中,应运而生的一种场所实践。它的成功与否也取决于我们对当下所处的生活形态、场所精神是否具有价值认同。于是,探寻、明晰、确立文明一体化的基础性共识,已不仅是"全球在地",而且是人类命运共同体的迫切之需。

在经济时事方面,吉林大学经济学院院长李晓在 2018 年毕业典礼上的演讲《中美冲突下的国家和个人》中认为:"当今时代不存在什么'逆全球化',全球化是不可逆的,所有问题的根源在于全球化进程出现了大分裂。其本质是世界主要大国之间关于全球化的共识破裂或没有了,这是当今世界最危险的一件事情,……这些政治、经济、思想等领域的严峻挑战,关乎今后中国改革开放的进程、方向,是个大问题。"此处的全球化就是指世界(人类)文明一体化;此处的共识破裂,实际上也与人类在合法性层次上的分歧、境况有关。

因此,在思想时务方面,人类文明一体化应建立在对"高于人类合法性,同时又在人性之中"的一种秩序(本质性)的共识基础上。尤瓦尔·赫拉利在《未来简史》中提出:"就算在 21 世纪,也不大可能有纯粹的科学理论取代人文主义教条,但让两者目前携手同行的契约可能会瓦解,取而代之的是科学与其他后人文主义宗教之间的不同契约。"此处所谓的"后人文主义宗教",笔者认为:于此先不论何为后人文主义,我们仍应依托科学的进步,立足并丰富人文主义,持续推进对人性、心智,对包括宗教在内的整体文明的思考、认知、诠释与应对,而不是去企盼、制造、追捧所谓的新宗教或新的神。

简言之,这一要旨在于:把人性中存在神性的共识,作为人类文明一体化的基石。

譬如,就中西方文化而言,"情理结构"与"唯一真"的融合以神性为基石,参与构筑全人类的文明"唯一真"。今日中国,伴随经济的、物质欲望的高速增长,社会的道德危机、信任危机也是此起彼伏。就个人而言,我们是否也应反思自身与当下,何为神性,何以神性?当然,在这个消解意义、活在当下的滚滚红尘中,讨论神性,讨论唯一真,讨论永恒,或许会被认为有些不识时务、不接地气或只会高谈阔论,然而,笔者相信,人类的某些时务仍需依凭与这些概念相关的"大历史"视野去启示实践。大卫·克里斯蒂安(David Christian)做了如下论述:

"所有人类社群都试图建构关于我们身边万物起源的统一故事。……起源故事试图将一定社群关于我们的世界如何发展到现在这个样子的知识整合起来,并且流传下去。如果有人相信了,如果那些听到并流传下去的人觉得是可靠的,就会具备特别强大的力量,不管我们讨论的是旧石器时代的食物采集民族,还是从儒家到佛教到阿兹特克的,还是伊斯兰教世界、基督教世界等世界文明的伟大哲学和宗教传统。它们之所以强大,还因为被一定的社群的大多数成员所共有,……正如我们所知,起源故事处在一切教育的核心位置。它们在神学院和大学提供基础知识,就像食物采集社群里长者传给后代的丰富的口述传统。……随着全球化和现代科学既在世界的都市中心地带又在殖民的边缘地带将传统的起源故事的信心击得粉碎,这种学术状态竟成了 20 世纪的规范。现代世俗教育体系不再传授作为基础知识的共有的传统了。……如今,我们习惯于一个没有普遍框架的观念(尤其在人文学科中)的世界,很容易忘却随着不再相信起源故事而丧失学术的连贯性所造成的痛苦。……但也有可能有一种不同的解释,对于 20 世纪的大多数时期而言,我们生活在一种学术的建筑工地上,周围是古老的起源故事的废墟,而一个新的起源故事正在我们身边建造起来,这个故事便是人类作为一个整体的故事。从这个角度上看,大历史就是一个试图梳理并建造一个现代的、全球的起源故事。……它是首个为全体人类未来而自己所创造的起源故事。传统的起源故事试图从特定的社群或者地区或者文化传统中概括出某种知识,而这是试图从世界各个部分积累的知识中概括出来的知识。……一种普遍史是统一的人类历史的载体，因为，和民族史不同，与大历史相遇的人类首先不是好战的部落，而是单一的而且显然还是同等的物种。这是一个现在可以准确地、自信地去讲述的故事，它可以帮助我们找到我们这个物种不仅在最近的过去，而且在生物圈乃至于整个宇宙的位置。"

基于以上有关"大历史"的阐释，以及尤瓦尔·赫拉利的呼吁："科技颠覆、生态崩溃、核战争，是当下人类面临的三大挑战，任何单一国家都无法解决这些全球性的问题；我们的当务之急，是重建人类的全球认同（人类的新故事）"，笔者认为，正是（普遍的）人性中的神性，曾在不同地域、不同场所的历史生存中，塑造了不同民族、不同社群的起源故事，而非不同的起源故事塑造了人性中不同的神性（或无神性）。因此，这一（普遍的）人性中的神性，必然与人类文明的普遍价值（基于现代文明的普遍价值及其补充发展），与全球的起源故事（大历史），与我们每一个人的当下及未来，亲密相伴、相映生辉！

# 结语：飞扬旗帜

就建筑与城市传播而言，与同为"人间天堂"的杭州相比，苏州作为"世界遗产典范城市"，位列福布斯杂志"中国最具创新力30城市"排名榜第三名、"全球城市竞争力"排名榜中国城市第六名、"全球潜力城市指数"排名榜中国城市第五名，以及被英国《经济学人》智库（Economist Intelligence Unit）评为2018中国大陆最宜居城市，仅这五项就已超越杭州，尽管在文化、商业创新上仍略逊于杭州。再与北上广深相比，苏州既没有全国性政治的、经济的、文化的或大区域的资源优势，也没有海滨、机场、国际贸易中心、证券交易所等这些一线大都市所具备的场所优势，却能以那些名列前茅的指标，复兴于当代中国的城市之林，成为令人瞩目的一座"全球在地"的现象级城市。这种实非偶然，不仅得益于苏州的丰厚文化底蕴和开放包容的胸襟，更来自于这座城市的建筑现象、城市意象、空间特性与场所精神的决定性结构。即：只有这样充满历史感的场所，以雅量与融境面向世界的开放，在这百余年来一直践行着文化复兴与更新的步伐，苏州今天的场所复兴已不仅是经济意

上图：金鸡湖夜景

义或城市范畴的，更可放大投射到整个当代中国。当代苏州复兴堪称当代中国复兴的一个缩影、一面旗帜。当场所精神遇见全球在地，融境的脚步从雅量苏州迈出，它正与中华民族伟大复兴的步伐同律，它迈入世界的向度必定是多维互动的，它与世界的同律共勠也必定是多元一体的。

可以这么说，融古今之境是时间向度的，融东西之境是空间向度的，融心物之境是文化向度的，融你我之境是社会向度的。这样的融境需要的就是一种雅量格局，它既不依靠一种巨量的压倒性优势，也不沦为一种轻量的飘摇不定。它以一种平衡的力度，一种对应的尺度，一种中和的态度，一种相反相成的哲学向度，一种包容宗教的精神深度，与雅量达成互动共生，历史性、内在性地交织、重构、创造苏州场所的当代形态，为场所复兴飞扬旗帜！

---

未来永远是不确定的，难以预测。因为目的或潜势之根实在是奇妙莫名，直至其引发的生物体行为方式甚或外形特征改变已很明显。所以，很可能在不太遥远的未来，会有某种难以预料的生物转变让人类"重新回归宇宙的中心"。……进化有其目的。

（刘易斯·芒福德）

# 参考文献

References

# 1. 参考书目

[1] 〔英〕彼得·沃森著.思想史:从火到弗洛伊德.胡翠娥译.南京:译林出版社,2018.

[2] 〔以色列〕尤瓦尔·赫拉利著.今日简史.林俊宏译.北京:中信出版集团,2018.

[3] 〔美〕段义孚著.恋地情结.志丞,刘苏译.北京:商务印书馆,2018.

[4] 徐伉.古典空间里的欲望困境.北京:中国建筑工业出版社,2018.

[5] 〔美〕大卫·克里斯蒂安著.时间地图:大历史130亿年前至今.房云芳,姚蓓琴译.北京:中信出版集团,2017.

[6] 〔德〕马克思·舍勒著.刘小枫主编,哲学人类学.魏育青,罗悌伦等译.北京:北京师范大学出版社,2017.

[7] 齐康.技术课(建筑).北京:中国建筑工业出版社,2017.

[8] 〔日〕隈言吾著.刘智校.场所原论.李晋琦译.武汉:华中科技大学出版社,2017.

[9] 〔以色列〕尤瓦尔·赫拉利著.未来简史.林俊宏译.北京:中信出版集团,2017.

[10] 〔美〕刘易斯·芒福德著.生活的准则.朱明译.上海:上海三联书店,2016.

[11] 〔美〕史蒂芬·平克著.白板.袁冬华译.杭州:浙江人民出版社,2016.

[12] 〔美〕史蒂芬·平克著.心智探奇:人类心智的起源与进化.郝耀伟译.杭州:浙江人民出版社,2016.

[13] 徐伉.融境之光.香港:香港艺力国际出版有限公司,2016.

[14] 〔美〕史蒂芬·平克著.思想本质:语言是洞察人类天性之窗.张旭红,梅德明译.杭州:浙江人民出版社,2015.

[15] 〔美〕史蒂芬·平克著.语言本能:人类语言进化的奥秘.欧阳明亮译.杭州:浙江人民出版社,2015.

[16] 〔美〕唐纳德·米勒著.刘易斯·芒福德传.宋俊岭,宋一然译.北京:商务印书馆,2015.

[17] 徐伉,陆庆.当苏州园林遇见北美城市.北京:中国建筑工业出版社,2015.

[18] 刘仲敬.经与史:华夏世界的历史建构.桂林:广西师范大学出版社,2015.

[19] 〔加拿大〕梁鹤年.西方文明的文化基因.北京:生活·读书·新知三联书店,2014.

[20] 郑时龄.建筑批评学.北京:中国建筑工业出版社,2014.

[21] 刘沛林.家园的景观与基因:传统聚落景观基因图谱的深层解读.北京:商务印书馆,2014.

[22] 〔英〕欧文·霍普金斯.解读建筑.邢真译.北京:北京美术摄影出版社,2014.

[23] 〔以色列〕尤瓦尔·赫拉利著.人类简史.林俊宏译.北京:中信出版集团,2014.

[24] 〔法〕雷吉斯·德布雷著.图像的生与死:西方观图史.黄迅余,黄建华译.上海:华东师范大学出版社,2014.

[25] 〔美〕巴瑞·班德斯塔著.今日如何读旧约.林艳,刘洪一译.上海:华东师范大学出版社,2014.

[26] [德]潘能伯格著.神学与哲学.李秋零译.北京:商务印书馆,2014.

[27] [美]休斯顿·史密斯著.人的宗教.刘安云译.海口:海南出版社,2013.

[28] 金秋野.尺规理想国.南京:江苏人民出版社,2013.

[29] 刘涤宇.扎根.南京:江苏人民出版社,2013.

[30] 冯路.看不见的景框.南京:江苏人民出版社,2013.

[31] 刘小枫.拣尽寒枝.北京:华夏出版社,2013.

[32] 徐伉.融境问道.苏州:苏州大学出版社,2012.

[33] 董子竹.新约东方解.武汉:湖北人民出版社,2012.

[34] 刘小枫.沉重的肉身.北京:华夏出版社,2012.

[35] 邹晖.碎片与比照:比较建筑学的双重话语.北京:商务印书馆,2012.

[36] 张闳.欲望号街车:流行文化符号批判.北京:中国人民大学出版社,2012.

[37] 张家骥.简明中国建筑论.南京:江苏人民出版社,2012.

[38] 廖桂贤.遇见好城市.杭州:浙江大学出版社,2011.

[39] 刘小枫.拯救与逍遥.上海:华东师范大学出版社,2011.

[40] 刘小枫.走向十字架的真.上海:华东师范大学出版社,2011.

[41] 李晓东 庄庆华.中国形.北京:中国建筑工业出版社,2010.

[42] [挪]诺伯·舒茨著.场所精神:迈向建筑现象学.施植明译.武汉:华中科技大学出版社,2010.

[43] 徐纯一.光在建筑中的安居.北京:清华大学出版社,2010.

[44] 卢永毅主编.建筑理论的多维视野.北京:中国建筑工业出版社,2009.

[45] 赖品超,学愚主编.天国、净土与人间:耶佛对话与社会关怀.北京:中华书局,2008.

[46] 彭一刚.建筑空间组合论.北京:中国建筑工业出版社,2008.

[47] 齐康.建筑课.北京:中国建筑工业出版社,2008.

[48] 沈克宁.建筑现象学.北京:中国建筑工业出版社,2008.

[49] 王安中,夏一波.C时代:城市传播方略.北京:新华出版社,2008.

[50] 刘小枫.这一代人的怕与爱.北京:华夏出版社,2007.

[51] 李晓东,杨茳善.中国空间.北京:中国建筑工业出版社,2007

[52] 郭清香.耶儒伦理比较研究:民国时期基督教与儒教伦理思想的冲突与融合.北京:中国社会科学出版社,2006.

[53] 李允鉌.华夏意匠.天津:天津大学出版社,2005.

[54] 王稼句.苏州旧梦:1949年前的印象和记忆 苏州:苏州人学出版社,2001.

[55] 秦家懿,孔汉思.中国宗教与基督教.吴华译.北京:生活读书新知三联书店,1997.

[56] 彭一刚.中国古典园林分析.北京:中国建筑工业出版社,1986.

[57] 刘敦桢主编.中国古代建筑史.北京:中国建筑工业出版社,1984.

## 2. 参考论文

[1]  刘琦. 情怀·营造：东方之门设计札记. 城市建筑，2018（6）.

[2]  侯振清，刘春波. 东方之门双塔连体超高层结构关键构件施工技术. 施工技术，2017（9）.

[3]  薛岂. 苏州瑞光塔设计模数初探. 建筑与文化，2015（4）.

[4]  袁伟时. 中国传统文化：辉煌·历史危机·现实危险. 财经（双周刊），2014（10）.

[5]  黄元炤. 华盖建筑（下）：稳定拓展、战时与战后阶段，联合顾问及分路后. 世界建筑导报，2014（4）.

[6]  顾星凯，周密. 苏州基督教堂建筑空间的发展与演绎. 建筑，2014（22）.

[7]  张岱旺. 在华中西合璧风格天主教堂的考古学研究. 天津师范大学硕士学位论文，2013.

[8]  谢俊. 经典重温：贝聿铭大师建筑创作思想浅析——以苏州博物馆为例. 中外建筑，2012（3）.

[9]  辛鹏飞. 基于建筑现象学观点的城市空间观察. 天津大学硕士学位论文，2011.

[10] 谷兰. 当代教堂建筑设计中对宗教精神的表达. 天津大学硕士学位论文，2011.

[11] 李勇. 吴文化发展与苏州城市精神的形成. 巢湖学院学报，2011.（5）.

[12] 赵冰. 长江流域：苏州城市空间营造. 华中建筑杂志，2011（12）.

[13] 杨震，徐苗. 消费时代城市公共空间的特点及其理论批判. 城市规划学，2011（3）.

[14] 余妍. 中国社会的符号消费与社会身份建构：基于鲍德里亚消费社会批判理论的符号消费研究. 海外英语，2011（5）.

[15] 原伟泽. 鲍德里亚的符号消费思想评析. 中共郑州市委党校学报，2011（4）.

[16] 方立峰. 对消费社会的文化剖析与价值评价：从商品拜物教到符号拜物教. 西北大学学报，2011(7）.

[17] 郁永龙. 苏州独墅湖畔的基督教堂. 中国宗教，2011（9）.

[18] 徐敏. 中国近代基督宗教教堂建筑考察研究. 南京艺术学院博士学位论文，2010.

[19] 季松. 消费时代城市空间的生产与消费. 城市规划，2010（7）.

[20] 沈梦岑. 中国元素与场所精神的博弈. 东方艺术，2010（3）.

[21] 周根红. 博物馆与城市文化的空间生产. 东南文化，2010（6）.

[22] 张英斌. 场所的多维建构研究. 大连理工大学硕士学位论文，2009.

[23] 董贺轩，卢济威. 作为集约化城市组织形式的城市综合体深度解析. 城市规划学刊，2009（1）.

[24] 郁永龙. 百年教堂奏响盛世华章—记苏州圣约翰堂. 中国宗教，2009（11）.

[25] 洪钦. 从道家思想看建筑共生理论. 山西建筑，2008.（4）.

[26] 孙勇才. 印光大师与现代佛教. 河南师范大学学报（哲社版），2008（5）.

[27] 华东建筑设计研究院. 东方之门双塔发展项目（苏州，中国）. 城市建筑，2008（10）.

[28] 方世南. 深刻把握苏州城市精神的丰富内涵. 苏南科技开发，2007（1）.

[29] 杨宁. 诺伯格·舒尔兹的建筑现象学. 西安建筑科技大学硕士学位论文，2006.

[30] 王昕. 江苏近代建筑文化研究. 东南大学博士学位论文，2006.

[31]  陈泳.当代苏州城市形态演化研究.城市规划学刊，2006（3）.

[32]  杨建军.场所精神与城市特色初探：以苏州为例.华东交通大学学报，2006（5）.

[33]  何静，李艳.消费主义：一种异化的生活方式.学术交流，2005（11）.

[34]  夏明.地域特征与现代建筑创新.同济大学博士后论文，2005.

[35]  高钟.废科举：中国儒家社会全面散构的多米诺骨牌—废科举百年祭.江苏社会科学，2005（4）.

[36]  陈育霞.诺伯格·舒尔兹的场所和场所精神理论及其批判.长安大学学报（建筑与环境科学版），2003（4）.

[37]  高雷.苏州的基督教传播与教堂建筑简史.中国近代建筑史国际研讨会论文集，1998.

[38]  阮仪三，相秉军.苏州古城街坊的保护与更新.城市规划汇刊，1997（4）.

[39]  张复合.中国基督教堂建筑初探.华中建筑，1988（3）.

# 3. 主要参考网页及其他资料

[1]   苏州科技创新综合实力全省"十连冠".苏州新闻网（2019-01-06），http://www.subaonet.com/2019/0106/2385110.shtml.

[2]   2018年国家级经济开发区30强排名：苏州工业园区第一.中商情报网（商务部）（2019-01-04），http://www.askci.com/news/chanye/20190104/0907181139665.shtml.

[3]   苏州打出政策组合拳 构建人才新高地.苏州市人民政府网站（2018-12-28），http://www.suzhou.gov.cn/xxgk/kjww/kjzccsjssqk/201812/t20181228_1038234.shtml.

[4]   "2018中国最佳旅游目的地城市排名"榜公布苏州列全国第三.苏州新闻网（2018.12.27），http://www.subaonet.com/2018/1227/2379074.shtml.

[5]   福布斯中国30城市创新力榜单.中国江苏网（2018-12-03），http://jsnews.jschina.com.cn/sz/a/201812/t20181203_2083104.shtml?tdsourcetag=s_pctim_aiomsg.

[6]   2018中国城市产业竞争力指数.中国新闻网（2018-11-08），.http://www.chinanews.com/cj/2018/11-08/8671538.shtml.

[7]   "世界遗产典范城市"花落苏州.光明网（2018-11-02），http://difang.gmw.cn/js/2018-11/02/content_31886653.htm.

[8]   2018中国先进制造业城市发展指数50强榜单.澎湃网（财经频道），https://www.thepaper.cn/newsDetail_forward_2480346.

[9]   2018全球最宜居城市排行榜（《经济学人》智库）.搜狐网，https://www.sohu.com/a/249293770_652544.

[10]  2018年中国城市GDP排名.搜狐网，https://www.sohu.com/a/291631021_120046860.

[11]  首部中国城市创新竞争力蓝皮书出炉.北京市人民政府网站，http://zhengwu.beijing.gov.cn/gzdt/t1569134.htm.

[12] 徐明徽.互联网时代，如何激活道家文化的真精神.澎湃网.2018-09-08.https://www.thepaper.cn/newsDetail_forward_2420612.

[13] "超越比较：当今的中国哲学"国际学术研讨会综述.澎湃新闻，2018-09-07.https://baijiahao.baidu.com/s?id=1610919222477811672&wfr=spider&for=pc.

[14] 本土设计研究中心.崔恺工作室网站.http://www.cuikaistudio.com/project/8.

[15] 陈卿.商业地产开发：警惕伪城市综合体.易铺网.http://info.yipu.com.cn/news/focus/2012-2-29/20120229C0838002jk.html.

[16] 打造城市循环商业系统 细数全国高端商业综合体.搜房网( 2011-4-22 )，http://www.landlist.cn/2011-04-22/4904907_1.htm.

[17] 狮山基督堂.百度百科，https://baike.baidu.com/item/苏州市狮山基督教堂/4630287?fr=aladdin.

[18] 独墅湖教堂.百度百科，https://baike.baidu.com/item/独墅湖教堂/6277751.

[19] 报恩寺塔.百度百科，https://baike.baidu.com/item/报恩寺塔/5618313?fr=aladdin.

[20] 苏州双塔.百度百科，https://baike.baidu.com/item/苏州双塔/8902920.

[21] 瑞光塔.百度百科，https://baike.baidu.com/item/瑞光塔/3470679.

[22] 苏州站.百度百科，https://baike.baidu.com/item/苏州站/6545439?fr=aladdin.

[23] 西进之门.百度百科，https://baike.baidu.com/item/西进之门/278198?fr=aladdin.

[24] 拉德芳斯.百度百科，https://baike.baidu.com/item/拉德芳斯.

[25] 东方之门.百度百科，https://baike.baidu.com/item/东方之门/2068586?fr=aladdin.

[26] 苏州民族宗教事务局.苏州玄妙观.http://www.zjj.suzhou.gov.cn/zjcs.asp.

[27] 苏州虎丘山风景名胜区管理处网站.http://www.tigerhill.com/cn.

[28] 圆融时代广场网站，http://www.sz-times.com.cn/index.aspx.

[29] 苏州基督教两会网站有关资料.http://szptc.org/.

[30] 苏州市城乡建设档案馆有关资料.http://www.szuca.org.cn/.

[31] 苏州市文物保护管理所.苏州文物保护单位保护范围及建设控制地带图录，2011.

[32] 费孝通.中国人的文化自觉不能没有"自知之明".中华好学者（微信公众号），2018-09-26.

[33] 李晓.中美冲突下的国家和个人.学爸视界（微信公众号）.2018-07-03.

[34] 赵公博.暗能量可能具有某些动力学的属性，这跟未来宇宙的命运也紧密相连.一席（微信公众号），2018-06-18.

[35] 赵敦华.马克思哲学何以是当代世界的哲学.探索与争鸣杂志（微信公众号），2018-05-05.

[36] 大局已定！今天起，苏州人将身价暴涨.苏州全接触（微信公众号），2018-11-22.

[37] 赵欣浩.苏州第一观：玄妙观.生活时报，2001-11-8.

[38] 塞上江南的博客，http://blog.sina.com.cn/s/blog_61ffed9e0100ljz3.html.

[39] 场所精神理论讲义.豆丁网，http://www.docin.com/p-40920414.html.

# 后记

References

首先，要致敬三位伟大的学者：马克思·舍勒（Max Scheler，1874～1928）、刘易斯·芒福德（Lewis Mumford，1895～1990）、诺伯格·舒尔茨（C. Norberg-Schulz，1926～2000）！

是他们的思想给予我人到中年最重要的启迪与力量：马克思·舍勒先生开启了我从哲学人类学解读人性、解读人的价值的宝贵视角；刘易斯·芒福德先生不仅是城市建筑思想家还是我眼中的哲学人类学家，他的思想映照了本书的所有卷章；诺伯格·舒尔茨先生的建筑现象学奠定了我在场所精神研究上的方法论核心，进而，也引申出场所精神与哲学人类学的交映关系。

刘易斯·芒福德先生认为，建筑就是文明本身，两者密不可分。而文明又是什么？文明就是人类通过社会的人化过程。他推崇创造性进化论，认为人类蕴含一种神秘生命力，总会发明生命新形态，永不止息推动人类前进，获得新知新悟。他相信，物种合作以及主观目的，在进化过程中发挥着（与自然选择理论）同样重要的功效，恰如锋牙与利爪需合作，若陷入竞争则胜算甚少。

哲学家们说，哲学的最高任务在于提出问题，并非解决问题。而我理解中的哲学人类学则应是不仅提出问题，还包括为人类寻找某种答案。这或许就是驱使我去西方生活、取经的一个曾经朦朦胧胧的动因；或许那时，也仅是为自己寻找答案。

记得曾在加拿大的那四年，其中有半年在埃德蒙顿市（Edmonton）的天主教学校Sacred Heart School，我上过英语中级班的课程。在2007年该校的圣诞节晚会上，室外是大雪纷飞，来自五洲四海的同学们在二楼中厅围合出一块场地，一位西方中年女教师单脚踩在一把椅子上，立于场地中央。四下一片安静。她略带前倾抱着吉他，弹唱起一曲未名的基督教圣歌。那纯净、空灵、悠远又略带苦涩的歌声弦音一下穿透了我的心房，眼泪夺眶而出。我却不想让身边的同学有所觉察。但那几年里，我从未迈入过基督教堂，直至2010年回国后的近几年，才豁然投入古典空间与基督教建筑比较、中西文明比较的思考写作。进而，或许管窥了一点洞见。诸如：物质世界的不平等是本质，所以人类的精神才会追求平等。人类文明之路就是精神与物质一直较劲的过程。物质文明的创造大多是让人更舒服，而精神文明的创制往往是"跟人过不去"（"跟自己过不去"）……

在本书付梓之际，要特别感谢中国科学院常青院士，复旦大学哲学学院魏明德（Benoit Vermander）教授给予我的鼓励和支持；感谢梁鹤年、阮仪三、朱大可、夏健、曹林娣、雍振华、徐敏、李柚声、伊恩·泰博纳、冯晓东、崔晋余、高云根、王伯扬、高介华、姚荣华、管兆宁、刘海等学者们专家们以及周骏、陆庆、高佐、林松、吴昊、过汉泉、袁小芳、刘海冰等建筑师们曾给予我这些年写作出版上的支持与帮助；感谢杨溢、冯纬、陶渊刚、陈玉明、顾群、姚远、丁旭、蔡黎亚、罗曦、曾宪成、陈猛、袁继峰、李林飞、毛璟弘、余晴菲、赵燕萍、蔡琪多等同学们朋友们以及因篇幅所限未能列名的朋友们读者们在我的人生之路上的同行与帮助；最后要感谢中国建筑工业出版社责任编辑胡明安的大力支持！

女儿徐子媛曾说："想爸爸的时候就去阳台上看看东方之门"。为了不辜负她的期望，我的方向就在东方！

徐伉

2019年6月于苏州

**图书在版编目（CIP）数据**

遇见 场所精神与全球在地 / 徐伉著 . —北京：中国建筑工业出
版社，2019.7
ISBN 978-7-112-23797-5

I.①遇… II.①徐… III.①建筑文化—研究—中国 IV.①TU-092

中国版本图书馆CIP数据核字（2019）第105008号


责任编辑：胡明安
责任校对：王 烨

**遇见 场所精神与全球在地**

徐伉 著

曹志凌 等 摄影

\*

中国建筑工业出版社出版、发行（北京海淀三里河路9号）
各地新华书店、建筑书店经销
北京点击世代文化传媒有限公司制版
北京中科印刷有限公司印刷

\*

开本：787×960毫米 1/16 印张：20½ 字数：333 千字
2019 年 8 月第一版 2019 年 8 月第一次印刷
定价：70.00 元
ISBN 978-7-112-23797-5
（34112）